消防行业特有工种职业技能鉴定考试辅导用书

消防设施操作员

（中级）

考点精析与全真模拟试卷

消防设施操作员考试命题研究组　组编

哈爾濱工程大學出版社
Harbin Engineering University Press

图书在版编目(CIP)数据

消防设施操作员 ：中级. 考点精析与全真模拟试卷 / 消防设施操作员考试命题研究组组编. — 哈尔滨 ：哈尔滨工程大学出版社，2020.8(2023.7 重印)

ISBN 978-7-5661-2726-6

Ⅰ. ①消… Ⅱ. ①消… Ⅲ. ①建筑物 - 消防 - 职业技能 - 鉴定 - 自学参考资料 Ⅳ. ①TU998.1

中国版本图书馆 CIP 数据核字(2020)第 123526 号

责任编辑:张 彦

责任校对:朱圣杰

封面设计:天 一

出版发行 哈尔滨工程大学出版社

社　　址 哈尔滨市南岗区南通大街 145 号

邮政编码 150001

发行电话 0451-82519328

传　　真 0451-82519699

经　　销 新华书店

印　　刷 新乡市华夏印务有限责任公司

开　　本 787 mm × 1 092 mm 1/16

印　　张 9.5

字　　数 243 千字

版　　次 2020 年 8 月第 1 版

印　　次 2023 年 7 月第 4 次印刷

定　　价 60.00 元

http://www.hrbeupress.com

E - mail:heupress@hrbeu.edu.cn

目　录
Contents

(注:试题后如标注有“监控操作职业方向”“检测维修保养职业方向”,代表该题考查的知识点分别属于消防设施监控操作职业方向、消防设施检测维修保养职业方向的内容;如无任何标注,代表该题考查的知识点同属于这两个职业方向的内容。)

消防设施操作员（中级）

真题精选(一)

一、单项选择题(100 题,每题 0.5 分,共 50 分。每题有 4 个选项,其中只有 1 个是正确的,请将正确答案的代号填写在横线空白处)

1. ________是从业者在岗位工作中必须遵守的规章、制度、条例等职业行为规范。
   A. 职业守则　　B. 职业纪律
   C. 行业标准　　D. 操作规程
2. 无论何种形式的引火源,都必须达到一定的________,即要有一定的温度和足够的热量才能引起燃烧反应,否则,燃烧不会发生。
   A. 浓度　　B. 密度
   C. 能量　　D. 速度
3. 燃烧过程中的氧化剂主要是氧,空气中氧的含量大约为________。
   A. 14%　　B. 21%
   C. 78%　　D. 87%
4. 下列小型营业性用房中,属于商业服务网点的是________。
   A. 设置在某住宅建筑首层,建筑面积为 300 m^2 的理发店
   B. 设置在某住宅建筑首层及二层,总建筑面积为 500 m^2 的饭店
   C. 设置在某住宅建筑三层,建筑面积为 200 m^2 的商店
   D. 设置在某写字楼首层,建筑面积为 150 m^2 的储蓄所
5. 火灾危险性较大的生产部分占本层或本防火分区建筑面积的比例小于________或丁、戊类厂房内的油漆工段小于________,且发生火灾事故时不足以蔓延至其他部位或火灾危险性较大的生产部分采取了有效的防火措施,可按火灾危险性较小的部分确定厂房或防火分区内的生产火灾危险性类别。
   A. 5%、10%　　B. 10%、5%
   C. 10%、20%　　D. 5%、20%
6. ________是指在标准耐火试验条件下,建筑构件、配件或结构从受到火的作用时起,至失去承载能力、完整性或隔热性时止所用的时间。
   A. 耐火时间　　B. 耐火能力
   C. 耐火能级　　D. 耐火极限
7. 三级耐火等级的丁、戊类厂房最多允许建筑层数为________层。
   A. 1　　B. 2
   C. 3　　D. 5
8. 民用建筑内的剧院、电影院、礼堂与其他区域分隔,应采用耐火极限不低于________h 的防火隔墙。
   A. 1.50　　B. 2.00
   C. 2.50　　D. 3.00
9. 甲、乙类厂房与高层民用建筑间的防火间距不应小于________m。
   A. 25　　B. 30
   C. 40　　D. 50

10. 下列建筑中应设置消防电梯的是__________。
A. 建筑高度 33 m 的住宅建筑
B. 建筑高度 32 m 的二类高层办公楼
C. 3 层及以上且总建筑面积为 3 500 m^2 的老年人照料设施
D. 一类高层公共建筑

11. 厂房内疏散走道的净宽度不宜小于__________ m。
A. 1.1　　B. 1.2
C. 1.3　　D. 1.4

12. 下列关于疏散楼梯间的说法,错误的是__________。
A. 楼梯间应能天然采光和自然通风,并宜靠外墙设置
B. 楼梯间应在标准层或防火分区的两端布置,便于双向疏散,并应满足安全疏散距离的要求,尽量采用袋形走道
C. 楼梯间内不应有影响疏散的凸出物或其他障碍物
D. 除通向避难层错位的疏散楼梯外,建筑内的疏散楼梯间在各层的平面位置不应改变

13. 地下餐饮场所的墙面、地面、隔断、装饰织物的装修材料燃烧性能等级分别不应低于__________。
A. A 级、A 级、B_1 级、B_1 级　　B. A 级、B_1 级、B_1 级、B_2 级
C. A 级、B_1 级、B_1 级、B_1 级　　D. A 级、A 级、A 级、B_2 级

14. 用图形符号、文字符号、项目代号等表示电路各个电气元件之间的关系和工作原理的图称为__________。
A. 电气原理图　　B. 电气元件布置图
C. 电气安装接线图　　D. 电气元件构造图

15. 用于测量电路中电压的仪表称为__________。
A. 电流表　　B. 电压表
C. 电度表　　D. 欧姆表

16. 关于过负载保护,下列说法错误的是__________。
A. 当保护电器为断路器时,保证保护电器可靠动作的电流为约定时间内的约定动作电流
B. 当保护电器为熔断器时,保证保护电器可靠动作的电流为约定时间内的熔断电流
C. 过负载保护电器的动作特性应满足的条件之一是保证保护电器可靠动作的电流小于等于 1.5 倍熔断器熔体额定电流
D. 保护电器应在过负载电流引起的导体升温对导体的绝缘、接头、端子或导体周围的物质造成损害之前分断过负载电流

17. 电热器具周围__________ m 以内不应放置可燃物。
A. 0.2　　B. 0.3
C. 0.4　　D. 0.5

18. 由区域火灾报警控制器和火灾探测器组成,功能简单的火灾自动报警系统称为__________。
A. 区域报警系统　　B. 集中报警系统
C. 分散报警系统　　D. 控制中心报警系统

19. 准工作状态时配水管道内充满用于启动系统的有压水,火灾发生时喷头受热开放后即能喷水灭火,系统响应速度较快的系统是__________。
A. 湿式系统　　B. 干式系统
C. 预作用系统　　D. 水幕系统

20. ________是指按一定的应用条件进行设计计算,将灭火剂从储存装置经由干管、支管输送至喷放组件实施喷放的灭火系统。
A. 管网灭火系统　　B. 预制灭火系统
C. 全淹没气体灭火系统　　D. 局部应用气体灭火系统

21. 防护区应设置泄压口,七氟丙烷、二氧化碳灭火系统的泄压口应位于防护区净高的________以上。
A. 1/3　　B. 1/2
C. 2/3　　D. 3/4

22. ________是将驱动气体(氮气或二氧化碳)单独储存在储气瓶中,灭火使用时再将驱动气体充入干粉储罐,进而携带驱动干粉喷射实施灭火。
A. 储气式干粉灭火系统　　B. 储压式干粉灭火系统
C. 燃气式干粉灭火系统　　D. 组合分配式干粉灭火系统

23. ________属于第一安全区。
A. 防烟楼梯间　　B. 前室
C. 走廊　　D. 房间

24. 电梯能每层停靠,其载重量不小于________kg。
A. 600　　B. 700
C. 800　　D. 900

25. 超细干粉灭火剂是指________粒径小于或等于________μm的固体粉末灭火剂。
A. 90%、10　　B. 50%、10
C. 90%、20　　D. 50%、20

26. ________是负责火灾扑救的专业部门。
A. 应急管理部　　B. 公安部
C. 国家综合性消防救援机构　　D. 消防大队

27. 下列关于微型消防站配置的说法,错误的是________。
A. 微型消防站应设置人员值守、器材存放等用房
B. 微型消防站不能与消防控制室合用
C. 有条件的微型消防站可根据实际选配消防车辆
D. 微型消防站应在建筑物内部和避难层设置消防器材存放点

28. 当起火点部位不明显,初步认定的起火点与火场遗留痕迹不一致时,________。
A. 根据需要适当缩小保护区　　B. 根据需要应适当扩大保护区
C. 再次核实起火点部位　　D. 保护区不可调整

29. 一个汉字占________个字节的存储容量。
A. 1　　B. 2
C. 8　　D. 16

30. 鼠标左键单击第一个文件,按住________键后用鼠标单击最后一个文件,则选中一组连续文件。
A.【Shift】　　B.【Enter】
C.【Alt】　　D.【Ctrl】

31. 如果在不同的汉字输入法间进行切换,可以使用________组合键快速实现。
A.【Shift】+【Delete】　　B.【Shift】+【Enter】
C.【Ctrl】+【Shift】　　D.【Ctrl】+【Space】

32. 在 Word 2010 中,将光标定位于句子"河南天一文化传播股份有限公司"中的"股"与"份"之间,按一下【Delete】键,则该句子__________。

A. 变为"河南天一文化传播份有限公司"　　B. 变为"河南天一文化传播股有限公司"

C. 整句被删除　　D. 不变

33. A4 纸张的纵向尺寸为__________。

A. 21 厘米 ×29.7 厘米　　B. 18.2 厘米 ×25.7 厘米

C. 14.8 厘米 ×21 厘米　　D. 11 厘米 ×22 厘米

34. 在 Excel 2010 中,一个工作簿文件由__________个工作表组成。

A. 1　　B. 3

C. 5　　D. 若干

35. 计算机网络就是采用专用的__________把地理上分散的、具有独立功能的计算机、电子终端设备和通信设备连接起来。

A. 通信线路　　B. 网络协议

C. 通信设备　　D. 网络软件

36. __________广泛应用于长距离传输。

A. 双绞线　　B. 同轴电缆

C. 光纤　　D. 无线通信

37. 对于经常访问的网页地址,用户可以采用__________方法,以便快速打开网页。

A. 在 IE 浏览器中,设置指定该网址的快捷键

B. 将该网页设置为 IE 的浏览主页

C. 在 IE 浏览器中,创建指定该网页的快捷方式

D. 将该网页的地址添加到收藏夹中

38. 劳动者可以单方面解除劳动合同,但应当提前__________日以书面形式通知用人单位。

A. 7　　B. 15

C. 30　　D. 45

39.《中华人民共和国消防法》规定,消防救援机构应当自受理申请之日起__________个工作日内,根据消防技术标准和管理规定,对该场所进行消防安全检查。

A. 3　　B. 5

C. 7　　D. 10

40. 消防技术服务机构和执业人员,应当依法获得相应的资质、资格,依照法律、行政法规、国家标准、行业标准和执业准则,接受委托提供__________服务,并对__________负责。

A. 消防技术、服务质量　　B. 消防技术、服务结果

C. 安全技术、服务质量　　D. 安全技术、服务结果

41. __________是火灾自动报警系统中用于接收、显示和传递火灾报警信号,发出控制信号,并具有其他辅助功能的控制指示设备。(监控操作职业方向)

A. 集中火灾报警控制器　　B. 消防联动控制器

C. 手动报警按钮　　D. 消防控制室图形显示装置

42. 正常状态下,火灾自动报警系统控制器由__________ V 电源供电工作。(监控操作职业方向)

A. AC 380　　B. AC 220

C. DC 380　　D. DC 220

43. ________的作用是将系统中的水压信号转换为电信号。（监控操作职业方向）

A. 延迟器　　B. 压力开关
C. 水力警铃　　D. 水流指示器

44. 消防水池最低有效水位是消防水泵吸水管喇叭口或出水管喇叭口以上________ m 水位。（监控操作职业方向）

A. 0.1　　B. 0.2
C. 0.4　　D. 0.6

45. 挡烟垂壁是用________制成，________安装在建筑顶棚、梁或吊顶下，能在火灾时形成一定蓄烟空间的挡烟分隔设施。（监控操作职业方向）

A. 不燃材料、垂直　　B. 不燃材料、水平
C. 难燃材料、垂直　　D. 难燃材料、水平

46. 在电气火灾监控系统中，________是一款具备检测低压配电线路中剩余电流和线路温度功能且能够独立使用的电气火灾监控探测器。（监控操作职业方向）

A. 剩余电流式电气火灾监控探测器　　B. 测温式电气火灾监控探测器
C. 电气火灾监控设备　　D. 独立式电气火灾监控探测器

47. 剩余电流式电气火灾监控探测器的报警设定值范围为________ mA。（监控操作职业方向）

A. 20 ~ 500　　B. 20 ~ 1 000
C. 50 ~ 500　　D. 50 ~ 1 000

48. 正常情况下，触发信号蝶阀，集中火灾报警控制器的灯键指示板上________点亮。（监控操作职业方向）

A. 火警灯　　B. 联动灯
C. 监管灯　　D. 屏蔽灯

49. 判别现场消防设备工作状态时，在设备信息位图显示方式下，位图节点状态背景颜色对应屏幕右侧条目栏信息事件，________代表火警状态。

A. 红色　　B. 绿色
C. 蓝色　　D. 灰色

50. 消防联动控制器采用独立的手动控制单元，每个控制单元通过直接连接的导线和控制模块对应控制一个受控消防设备，这属于消防联动控制器对消防设备的________方式。

A. 自动控制　　B. 手动控制
C. 直线控制　　D. 总线控制

51. 多线控制盘操作面板上手动控制单元中的每个操作按钮分别对应________。

A. 一个启动指示灯和一个反馈指示灯
B. 一个启动指示灯和一个故障指示灯
C. 一个反馈指示灯和一个故障指示灯
D. 一个启动指示灯、一个反馈指示灯和一个故障指示灯

52. 线型光束感烟火灾探测器的光束轴线距地高度不宜超过________ m。

A. 10　　B. 14
C. 18　　D. 20

53. 某公共建筑共 12 层，每层划分为 1 个防火分区，共划分为 4 个报警区域，该公共建筑宜设置________台火灾显示盘。

A. 4　　B. 12
C. 16　　D. 24

54. 可以采用干式自动喷水灭火系统的场所是__________。

A. 环境温度为 2 ℃的场所　　B. 环境温度为 40 ℃的场所

C. 环境温度为 60 ℃的场所　　D. 环境温度为 70 ℃的场所

55. 下列关于消防电话总机的描述,错误的是__________。

A. 消防电话总机应设置在消防控制室内

B. 消防电话总机可以组合安装在柜式或琴台式的火灾报警控制柜内

C. 消防电话总机应能与所有消防分机电话、电话插孔之间互相呼叫与通话,并显示每部分机或电话插孔的位置

D. 消防电话总机能终止与任意消防电话分机的通话,与其他消防电话分机的通话也同时终止

56. 消防应急广播系统的消音指示灯平时熄灭,有故障时按下消音键常亮为__________。

A. 红色　　B. 绿色

C. 黄色　　D. 蓝色

57. 当火灾确认后,火灾自动报警系统应在__________ s 内联动相应防烟分区的全部活动挡烟垂壁,60 s 以内挡烟垂壁应开启到位。

A. 15　　B. 30

C. 45　　D. 60

58. 在防火卷帘卷门机的部件中,__________用来限制防火卷帘的上升和下降高度,防止帘面过度上升和下降。

A. 电动机　　B. 手动操作部件

C. 限位器　　D. 减速箱

59. __________是用于显示并控制防火门打开、关闭状态的控制装置。

A. 防火门监控器　　B. 防火门电动闭门器

C. 防火门电磁释放器　　D. 防火门门磁开关

60. 防火门监控器的记录容量不应少于__________条。

A. 3 000　　B. 5 000

C. 10 000　　D. 15 000

61. 由集中电源型消防应急灯具、应急照明集中电源、应急照明分配电装置及相关附件等组成的应急照明和疏散指示系统类型是__________。

A. 集中电源集中控制型　　B. 集中电源非集中控制型

C. 自带电源集中控制型　　D. 自带电源非集中控制型

62. 应急照明控制器在消防控制室地面上设置时,设备面板后的维修距离不宜小于__________ m。

A. 1　　B. 1.5

C. 2　　D. 3

63. 可燃气体报警控制器保养的操作程序有:(1)填写《建筑消防设施维护保养记录表》。(2)使用钥匙打开箱门,将控制器主、备电源切断。(3)检查线路接头处有无氧化或锈蚀痕迹,若有则应采取防潮、防锈措施,如镀锡和涂抹凡士林等。发现螺栓及垫片有生锈现象应予更换,确保接头连接紧密。(4)用抹布将装置柜(壳)内设备和线材清洁干净,确保表面无污迹。如果发现机柜有水存在,应该用干燥的抹布擦拭干净,保证柜(壳)在干燥情况下才能通电。机壳外表面的指示灯、显示屏应清洁干净,指示及字符清晰可见。(5)用小毛刷将机柜(壳)内设备空隙和线材上的灰尘和杂质清扫出来,然后用吸尘

器清理干净。(6)保养结束后,给控制器送电,用钥匙将箱门锁闭。正确的操作顺序应该为__________。

A. (1)(2)(3)(4)(5)(6)
B. (1)(2)(4)(3)(5)(6)
C. (2)(5)(4)(3)(6)(1)
D. (2)(4)(3)(5)(6)(1)

64. 消防设备末端配电装置的清扫和检修一般__________至少一次。

A. 每月
B. 每季度
C. 每半年
D. 每年

65. 消防电梯挡水和排水设施保养时,要求排水井的容量不应小于__________ m^3。

A. 1
B. 2
C. 5
D. 10

66. 火灾警报装置不发出声和光警示信息的原因不包括__________。(检测维修保养职业方向)

A. 火灾警报装置自身损坏
B. 电源电压过低
C. 火灾警报装置与底座安装不牢靠,底座接线松动
D. 总线式电源线发生故障

67. 水力警铃工作不正常的原因为安装调试不符合要求,则正确的维修方法为__________。(检测维修保养职业方向)

A. 更换水力警铃
B. 报警管路控制阀保持常开
C. 进行冲洗和疏通,清除异物
D. 重新进行安装调试

68. 湿式报警阀开启后报警管路不排水的原因不包括__________。(检测维修保养职业方向)

A. 报警管路控制阀被关闭
B. 限流装置过滤网堵塞
C. 阀座环形槽和小孔堵塞
D. 湿式报警阀损坏

69. 湿式自动喷水灭火系统中报警管路误报警的原因不包括__________。(检测维修保养职业方向)

A. 未按照安装图纸安装或未按照调试要求进行调试
B. 报警阀渗漏严重
C. 湿式系统延迟器下部孔板溢出水孔堵塞
D. 充气管路连接处松动

70. 消防电话分机不断呼叫电话主机的原因不包含__________。(检测维修保养职业方向)

A. 分机与底座意外脱落
B. 分机外挂线路发生故障
C. 分机或插孔间重码
D. 主机没有挂断

71. 下列关于应急照明控制器备电故障报警的描述,不正确的是__________。(检测维修保养职业方向)

A. 备电工作指示灯熄灭
B. 系统故障工作灯点亮
C. 应急照明控制器主机报出主电故障
D. 应急照明控制器主机报出备电故障

72. 手动按钮盒不能启动防火卷帘的解决方法不包括__________。(检测维修保养职业方向)

A. 检查主电源、控制电源、电动机,重新设置或维修、更换
B. 检查手动按钮开关、行程开关,重新设置或维修、更换
C. 重新调整行程开关位置
D. 检查卷帘帘面、帘座、导轨,矫正变形,清除异物

73. 防火门启闭过程不灵活,有卡滞,正确的处理方法不包括__________。(检测维修保养职业方向)

A. 润滑和更换转(传)动部件
B. 检查门扇下框和地面,清除异物
C. 调整门扇与地面间隙
D. 维修、更换门扇

74. 建筑高度不大于__________ m 的住宅建筑,设置室内消火栓系统确有困难时,可只设置干式消防竖管和不带消火栓箱的 DN65 的室内消火栓。(检测维修保养职业方向)

A. 10　　B. 24

C. 27　　D. 50

75. 室外消火栓系统按供水压力分类不包括__________。(检测维修保养职业方向)

A. 高压消火栓系统　　B. 临时高压消火栓系统

C. 中压消火栓系统　　D. 低压消火栓系统

76. 维修水基型灭火器操作程序的最后一步是__________。(检测维修保养职业方向)

A. 填写《灭火器维修记录单》　　B. 填写《更换零部件记录单》

C. 填写《维修出厂检验记录单》　　D. 整理维修记录

77. 手提贮压式干粉灭火器压力指示器的标识为"F",大于__________ kg 时还应配置喷射软管。(检测维修保养职业方向)

A. 1　　B. 2

C. 3　　D. 4

78. 对灭火器外观目测判断,下列哪种情况不应报废__________。(检测维修保养职业方向)

A. 铭牌标志脱落

B. 瓶体被火烧过

C. 瓶体外部涂层脱落面积大于气瓶总面积的 1/4

D. 由不合法的维修机构维修过

79. 挡烟垂壁不能自动启动的原因不包括__________。(检测维修保养职业方向)

A. 控制模块或线路发生故障　　B. 配用探测器发生故障

C. 控制器内电气发生故障　　D. 未编写联动公式或联动公式错误

80. 应急照明控制器的主电故障报警时,检查输入电源是否完好,交流电源电压是否为__________ V。(检测维修保养职业方向)

A. 180 ~ 200　　B. 200 ~ 220

C. 180 ~ 250　　D. 200 ~ 250

81. 火灾自动报警系统各组件的检测方法中,火灾警报器的检测内容主要是__________功能。(检测维修保养职业方向)

A. 故障报警　　B. 火警优先

C. 自检　　D. 试验警报

82. 手动火灾报警按钮从一个防火分区内的任何位置到最邻近的手动火灾报警按钮的步行距离不应大于__________ m。(检测维修保养职业方向)

A. 30　　B. 40

C. 45　　D. 35

83. 点型火灾探测器距多孔送风顶棚孔口的水平距离不应小于__________ m。(检测维修保养职业方向)

A. 0.2　　B. 0.5

C. 0.3　　D. 0.4

84. 点型火灾探测器在宽度小于 3 m 的内走道顶棚上宜居中布置,感烟火灾探测器的安装间距不应超过__________ m。(检测维修保养职业方向)

A. 12　　B. 13

C. 10　　D. 15

85. 当确认火灾后,由发生火灾的报警区域开始,顺序启动全楼疏散通道的消防应急照明和疏散指示系统,系统全部投入应急状态的启动时间不应大于__________ s。(检测维修保养职业方向)

A. 10　　B. 8

C. 6　　D. 5

86. 消防联动控制器应能按设定的__________向各相关受控设备发出联动控制信号,并接收相关设备的联动反馈信号。(检测维修保养职业方向)

A. 原始信息　　B. 设备地址注释信息

C. 调试信息　　D. 控制逻辑

87. 末端试水装置的出水,应采取孔口出流的方式排入排水管道,排水立管宜设伸顶通气管,且管径不应小于__________ mm。(检测维修保养职业方向)

A. 15　　B. 20

C. 75　　D. 100

88. 自动喷水灭火系统中,水力警铃与报警阀连接的管道,其管径应为 20 mm,总长不宜大于__________ m。(检测维修保养职业方向)

A. 20　　B. 25

C. 30　　D. 35

89. 易受碰撞的部位,应采用带保护罩的洒水喷头或__________洒水喷头。(检测维修保养职业方向)

A. 下垂型　　B. 直立型

C. 边墙型　　D. 吊顶型

90. 湿式、干式自动喷水灭火系统管道横向安装坡度为__________,且坡向排水管。(检测维修保养职业方向)

A. 0.001 ~ 0.006　　B. 0.002 ~ 0.005

C. 0.003 ~ 0.006　　D. 0.005 ~ 0.008

91. 在开启警铃试验阀后,干式报警阀组水力警铃应在__________ s 内发出报警铃声。(检测维修保养职业方向)

A. 5　　B. 10

C. 15　　D. 20

92. 自动喷水灭火系统联动控制的测试方法不包括__________。(检测维修保养职业方向)

A. 通过开启末端试水装置、报警阀泄水阀、警铃试验阀、专用测试管路或报警阀压力开关、压力开关配用输入模块模拟等方式产生报警阀压力开关动作信号

B. 通过使用火灾探测器测试装置触发该报警阀所在防护区域内任一火灾探测器或启动任一手动火灾报警按钮产生报警信号

C. 在接到上述两个信号后,消防联动控制器发出消防水泵启动信号

D. 通过开启警铃试验阀,直接驱动压力开关动作并启动消防水泵

93. 客房设置专用扬声器时,其功率不宜小于__________ W。(检测维修保养职业方向)

A. 1　　B. 2

C. 3　　D. 4

94. 按照《建筑消防设施的维护管理》(GB 25201)的要求,下面哪项不属于消防电话系统的检测内容__________。(检测维修保养职业方向)

A. 测试消防电话主机与电话分机之间的通话质量

B. 测试消防控制室的外线电话与另外一部外线电话模拟报警电话的通话功能

C. 测试电话主机的录音功能

D. 测试拨打"119"功能

95. 当方向标志灯安装在疏散走道、通道上方时,下列不符合规定的是__________。(检测维修保养职业方向)
   A. 室内高度不大于3.5 m的场所,标志灯底边距地面的高度为2.3 m
   B. 室内高度大于3.5 m的场所,特大型、大型标志灯底边距地面高度不宜小于3 m,且不宜大于6 m
   C. 室内高度不大于3.5 m的办公楼,标志灯底边距地面的高度为2 m
   D. 室内高度大于3.5 m的展览馆,中型标志灯底边距地面高度为3.5 m

96. 高危险场所灯具光源应急点亮的响应时间不应大于__________ s。(检测维修保养职业方向)
   A. 0.1　　B. 0.2
   C. 0.25　　D. 0.5

97. 消防水泵接合器安装顺序正确的是__________。(检测维修保养职业方向)
   A. 接口、本体、连接管、止回阀、安全阀、放空管、控制阀
   B. 接口、本体、止回阀、连接管、安全阀、放空管、控制阀
   C. 接口、本体、连接管、安全阀、止回阀、放空管、控制阀
   D. 接口、本体、连接管、止回阀、放空管、安全阀、控制阀

98. 消防水池(水箱)的管道外壁与建筑本体墙面之间的通道宽度不宜小于__________ m。(检测维修保养职业方向)
   A. 0.3　　B. 0.5
   C. 0.6　　D. 0.8

99. 某公共建筑高度为60 m,该建筑最不利点处消火栓栓口的静水压力不应低于__________ MPa。
   A. 0.05　　B. 0.07
   C. 0.1　　D. 0.15

100. 工艺装置区等采用高压或临时高压消防给水系统的场所,其周围应设置室外消火栓,间距不应大于__________ m。(检测维修保养职业方向)
   A. 40　　B. 50
   C. 60　　D. 70

二、多项选择题(40题,每题0.5分,共20分。每题的多个选项中,至少有2个是正确的,请将正确答案的代号填写在横线空白处)

1. 下列属于消防行业职业道德特点的是__________。
   A. 消防安全的责任性　　B. 工作标准的原则性
   C. 职业行为的指导性　　D. 规范从业的约束性
   E. 表现形式的多样性

2. 下列属于火灾预防工作的是__________。
   A. 制定消防发展规划　　B. 全面落实消防安全责任
   C. 单位日常消防管理　　D. 制定灭火应急处置预案
   E. 加强灾害事故预警监测

3. 燃烧过程的发生和发展都必须具备三个必要条件,即__________。
   A. 可燃物　　B. 助燃物
   C. 燃烧产物　　D. 引火源
   E. 链式反应自由基

4. 根据建筑室内火灾温度随时间的变化特点，通常将建筑火灾发展过程分为四个阶段，即__________。

A. 火灾初起阶段
B. 火灾成长发展阶段
C. 火灾猛烈燃烧阶段
D. 火灾衰减熄灭阶段
E. 火灾轰燃阶段

5. 下列关于老年人建筑的平面布置，说法正确的是__________。

A. 老年人照料设施宜独立设置
B. 独立建造的一、二级耐火等级老年人照料设施的建筑高度不宜大于 32 m，不应大于 54 m
C. 独立建造的三级耐火等级老年人照料设施，不应超过 3 层
D. 当老年人照料设施与其他建筑上、下组合时，老年人照料设施宜设置在建筑的下部
E. 当老年人照料设施中的老年人公共活动用房、康复与医疗用房设置在地下、半地下时，应设置在地下一层，每间用房的建筑面积不应大于 200 m^2 且使用人数不应大于 30 人

6. 下列关于避难层的设置，说法正确的是__________。

A. 从首层到第一个避难层之间及两个避难层之间的高度不应大于 30 m
B. 避难层的净面积应能满足设计避难人数避难的要求，宜按 5 人/m^2 计算
C. 避难层可与设备层结合布置，但设备管道应集中布置
D. 避难层应设置消防电梯出口
E. 避难层应设置消火栓和消防软管卷盘、直接对外的可开启窗口或独立的机械防烟设施、消防专线电话和应急广播

7. 下列系统属于闭式系统的有__________。

A. 湿式系统
B. 干式系统
C. 预作用系统
D. 水幕系统
E. 雨淋系统

8. 下列关于泡沫灭火系统的设置，说法正确的有__________。

A. 单罐容量大于 1 000 m^3 的固定顶罐应设置固定式泡沫灭火系统
B. 罐壁高度小于 7 m 的储罐可采用移动式泡沫灭火系统
C. 容量不大于 200 m^3 的储罐可采用移动式泡沫灭火系统
D. 单罐容量小于 1 000 m^3 的固定顶罐应设置移动式泡沫灭火系统
E. 罐壁高度大于 7 m 的储罐应设置固定式泡沫灭火系统

9. 下列选项中，应设置消防水池的有__________。

A. 市政消防给水设计流量小于建筑室内外消防给水设计流量
B. 当采用一路消防供水或只有一条入户引入管，且室内消火栓设计流量大于 20 L/s
C. 当采用一路消防供水或只有一条入户引入管，且室外消火栓设计流量大于 20 L/s
D. 当采用一路消防供水或只有一条入户引入管，且建筑高度大于 50 m
E. 当生产、生活用水量达到最大时，市政给水管网或入户引入管不能满足室内、室外消防给水设计流量

10. 泡沫灭火剂按构成成分不同，可分为__________。

A. 蛋白泡沫灭火剂
B. 氟蛋白泡沫灭火剂
C. 成膜氟蛋白泡沫灭火剂
D. 合成泡沫灭火剂
E. A 类泡沫灭火剂

11. 报火警时，必须讲清的内容包括__________。

A. 起火单位的详细地址
B. 着火的物质及火势的大小
C. 是否有人员被困
D. 火场有无化学危险源
E. 报警人姓名、单位及电话号码

12. 机械硬盘最主要的性能指标是__________。
A. 频率
B. 响应时间
C. 吞吐量
D. 转速
E. 容量
13. 下列属于音频处理软件的是__________。
A. GoldWave
B. All Editor
C. 爱剪辑
D. 会声会影
E. 格式工厂
14. Word 2010 中的文本对齐方式有__________。
A. 左对齐
B. 右对齐
C. 居中
D. 两端对齐
E. 分散对齐
15. 劳动者有下列__________情形,用人单位有权单方面解除合同。
A. 在试用期间被证明不符合录用条件的
B. 严重违反劳动纪律或者用人单位规章制度的
C. 严重失职,营私舞弊,对用人单位利益造成重大损害的
D. 被依法追究刑事责任的
E. 劳动合同订立时所依据的客观情况发生重大变化,致使原劳动合同无法履行的
16. 住房和城乡建设主管部门、消防救援机构及其工作人员应当按照法定的职权和程序进行__________。
A. 消防设计审查
B. 消防验收
C. 备案抽查
D. 消防安全检查
E. 资格检查
17. 集中火灾报警控制器的组成包括__________。(监控操作职业方向)
A. 显示板
B. 指示灯
C. 打印机
D. 音响器件
E. 电源装置
18. 预作用自动喷水灭火系统的适用场所包括__________。(监控操作职业方向)
A. 系统处于准工作状态时严禁误喷的场所
B. 系统处于准工作状态时严禁配水管道充水的场所
C. 用于替代干式系统的场所
D. 严重危险级Ⅱ级的场所
E. 环境温度不低于4 ℃且不高于70 ℃的场所
19. 检查判断自动喷水灭火系统中消防供水设施的工作状态时,需要__________。(监控操作职业方向)
A. 检查消防供水设施组件的齐全性、外观完整性、系统和组件标识
B. 测试水流指示器功能
C. 检查就地水位显示装置,核校有效储水量
D. 检查工作环境和排水设施设置情况
E. 测试消防泵组手动启停功能和稳压泵自动启停功能
20. 接通电源后,集中火灾报警控制器根据系统状况可以发出__________信号。(监控操作职业方向)
A. 火警
B. 联动
C. 监管
D. 屏蔽
E. 故障报警

21. 下列关于总线控制盘的描述,正确的是__________。
   A. 目前的火灾报警控制系统主要采用总线控制盘
   B. 总线控制盘的信号线由两根线组成,信号与供电共用一个总线
   C. 总线控制盘的每一个按键对应多个总线控制模块
   D. 总线控制盘具有对每个受控消防设备进行手动控制的功能
   E. 一台集中火灾报警控制器(联动型)只允许设置一个总线控制盘
22. 下列关于线型感温火灾探测器的设置要求,描述正确的是__________。
   A. 探测器在保护电缆、堆垛等类似保护对象时,应采用接触式布置
   B. 探测器应设置在固定结构上
   C. 设置线型感温火灾探测器的场所有联动要求时,宜采用至少两只不同火灾探测器的报警信号组合
   D. 探测器的保护半径应符合点型感温火灾探测器的保护半径要求
   E. 在各种皮带输送装置上设置时,设置点应远离装置的过热点
23. 当消防泵组电气控制柜开关处于自动位时,控制水泵启动的方式有__________。
   A. 消防控制室总线联动启动
   B. 消防控制室多线控制盘操作按钮启动
   C. 高位消防水箱出水管流量开关启动
   D. 报警阀组压力开关启动
   E. 消防水泵出水干管压力开关启动
24. 下列能作为送风口开启和加压送风机启动的联动触发信号的是__________。
   A. 加压送风口所在防火分区内的火灾探测器的报警信号
   B. 加压送风口所在防火分区内的两只独立火灾探测器的报警信号
   C. 加压送风口所在防烟分区内的两只独立火灾探测器的报警信号
   D. 加压送风口所在防火分区内的一只火灾探测器与一只手动火灾报警按钮的报警信号
   E. 加压送风口所在防烟分区内的一只火灾探测器与一只手动火灾报警按钮的报警信号
25. 防火门监控系统的组成部件包括__________。
   A. 火灾报警控制器
   B. 电动闭门器
   C. 电磁释放器
   D. 门磁开关
   E. 监控模块
26. 下列关于应急照明控制器的控制、显示功能的描述,正确的是__________。
   A. 能接收、显示、保持火灾报警控制器的火灾报警输出信号
   B. 能按预设逻辑自动控制系统的应急启动
   C. 能按预设逻辑手动控制系统的应急启动
   D. 能接收、显示、保持其配接的灯具、集中电源的工作状态信息
   E. 能接收、显示、保持其配接的应急照明配电箱的工作状态信息
27. 在对可燃气体报警控制器进行保养前,需要准备的物品包括__________。
   A. 可燃气体报警控制器
   B. 吸尘器、细毛刷、抹布等清洁用品
   C.《建筑消防设施维护保养记录表》
   D. 工作服
   E. 除锈剂、凡士林
28. 消防电梯排水设施的保养项目包括__________。
   A. 外观
   B. 排水井
   C. 排水泵
   D. 电气控制柜
   E. 集水坑
29. 喷头按灵敏度分类可分为__________。(检测维修保养职业方向)
   A. 快速响应喷头
   B. 特殊响应喷头
   C. 标准响应喷头
   D. 直立型喷头
   E. 下垂型喷头

30. 气压罐内供水量不足的原因包括__________。(检测维修保养职业方向)
A. 气压罐的有效容积、水位及工作压力没有按设计值标定
B. 稳压泵进出水管道接口渗漏
C. 气压罐泄水管阀门未关闭
D. 稳压泵控制阀渗漏
E. 稳压泵的密封圈松动、老化或损坏

31. 消防应急广播模块与扬声器启动、切换功能测试包括__________。(消防设施检测维修保养)
A. 只采用手动启动方式测试
B. 检查广播模块和扬声器的启动、切换功能
C. 广播控制器上显示×××编码的启动事件,指示灯闪亮
D. 检测后进行复位、自检操作
E. 采用手动启动和联动启动的方式测试

32. 防火卷帘运行时噪声大,正确的维修方法包括__________。(检测维修保养职业方向)
A. 检查导轨是否卡住
B. 紧固五金件
C. 调节帘面位置,保证导轨相互平行
D. 加涂润滑油
E. 插好排线

33. 灭火器维修过程中的记录必须包括__________。(检测维修保养职业方向)
A. 维修编号
B. 产品型号
C. 灭火剂充装量
D. 维修后总质量
E. 维修单位名称

34. 消防控制室不能远程手动启停风机的原因包括__________。(检测维修保养职业方向)
A. 专用线路发生故障
B. 多线控制盘损坏
C. 与多线控制盘配套用的切换模块线路发生故障
D. 风机及控制柜发生故障
E. 风机控制柜处于"自动"状态

35. 防烟排烟系统中传动带跳动或打滑的原因包括__________。(检测维修保养职业方向)
A. 传动带过松(跳动)或过紧
B. 多条传动带传动时松紧不一
C. 两带轮位置偏斜,不在同一直线上
D. 传动带磨损、油腻或脏污
E. 轴承损坏

36. 下列关于火灾自动报警系统中模块的设置和安装要求的说法,正确的是__________。(检测维修保养职业方向)
A. 每个报警区城内的模块宜相对集中设置在本报警区域内的金属模块箱中
B. 模块(或金属箱)应独立支撑或固定,安装牢固、并应采取防潮、防腐等措施
C. 严禁将模块设置在配电(控制)柜(箱)内
D. 未集中设置的模块附近应有尺寸不小于75 mm×75 mm的标识
E. 未集中设置的模块附近应有尺寸不小于100 mm×100 mm的标识

37. 集中报警系统和控制中心报警系统中的区域火灾报警控制器设置在无人值班的场所需满足的条件有__________。(检测维修保养职业方向)
A. 本区城内无需要手动控制的消防联动设备
B. 本区城内需要采用手动控制的消防联动设备
C. 本火灾报警控制器的所有信息在集中火灾报警控制器上均有显示,且能接收起集中控制功能的火灾报警控制器的联动控制信号,并自动启动相应的消防设备
D. 设置的场所只有值班人员可以进入
E. 设置的场所相关工作人员都可以进入

38. 湿式报警阀组的报警功能可通过________途径进行测试。(检测维修保养职业方向)

A. 末端试水装置　　B. 专用测试管路

C. 报警阀泄水阀　　D. 警铃试验阀

E. 压力开关

39. 下列属于消防电话系统功能检查、测试操作程序的内容的是________。(检测维修保养职业方向)

A. 模拟电话报警通话　　B. 测试消防电话总机群呼功能

C. 测试消防电话总机录音功能　　D. 测试消防电话总机消音功能

E. 模拟与外部对讲机通话

40. 在测量消防应急照明和疏散指示系统中应急照明灯具照度时,需切断________,用秒表测量应急工作状态的持续时间。(检测维修保养职业方向)

A. 自带电源型主电源

B. 子母电源型主电源

C. 集中电源型控制器主电源

D. 接在消防配电线路上的应急照明灯具非消防电源

E. 接在消防配电线路上的应急照明灯具消防电源

三、判断题(60 题,每题 0.5 分,共 30 分。判断正确的请在括号内打"√",错误的请在括号内打"×")

1. 热传导是指热量通过直接接触的物体,从温度较低部位传递到温度较高部位的过程。(　　)
2. 建筑防火分区分水平防火分区和竖向防火分区。(　　)
3. 消防车道可分为环形消防车道、穿过建筑的消防车道、尽头式消防车道以及消防水源地消防车道等。(　　)
4. 消防车道的坡度不宜大于 5%。(　　)
5. 剧场、电影院、礼堂采用三级耐火等级建筑时,不应超过 3 层。(　　)
6. 防火分区至避难走道入口处应设置防烟前室,前室开向避难走道的门应采用甲级防火门。(　　)
7. 通常约定支路中必须含有至少两个电路元件。(　　)
8. 仪表的准确度越高,测量的误差就越小。(　　)
9. 电容器是用 2 ~4 mm 厚的薄板作为外壳。(　　)
10. 在允许开电缆沟的地方,当电缆数量大于 3 根时,可敷在电缆沟内。(　　)
11. 自动喷水灭火系统主要用于扑救建(构)筑物深度火灾,平时处于准工作状态。(　　)
12. 液上喷射系统通常有固定式和半固定式两种应用形式。(　　)
13. 消防给水系统中使用的水泵多为离心泵。(　　)
14. 灭火器是一种能在其内部压力作用下将所装的灭火剂喷出以扑救火灾,并可手提或推拉移动的灭火器具。(　　)
15. 高倍泡沫灭火剂一般用于控制或扑灭易燃、可燃液体、固体表面火灾及固体深位阴燃火灾。(　　)
16. 七氟丙烷灭火剂主要通过降低防护对象周围的氧浓度以致窒息进行灭火。(　　)
17. 火灾现场是指发生火灾的地点和留有与火灾原因有关痕迹物证的场所。(　　)
18. 机械硬盘采用闪存颗粒存储。(　　)
19. 系统软件用于对计算机资源的管理、维护、控制,并帮助用户编写、调试、装配、翻译和运行应用程序。(　　)
20. 文件夹名中区分英文字母大小写。(　　)

21. 在 Word 2010 中,页码可以放置在页面的顶端、底端或者侧面。（ ）
22. 在非导向传输介质中,信号沿着固定方向传播。（ ）
23. 计算机病毒是一种能够自我复制的程序。（ ）
24. 一般单位对建筑消防设施每季度至少进行一次全面检测。（ ）
25. 火灾自动报警系统中的集中火灾报警控制器、消防联动控制器、消防控制室图形显示装置一般应设置在消防控制室内或无人值班的房间和场所。(监控操作职业方向)（ ）
26. 消防联动控制器所有控制模块处于“手动”启动方式时,全局手动指示灯为绿色。(监控操作职业方向)（ ）
27. 在检查判断自动喷水灭火系统工作状态时,消防泵组功能检查应通过试水管路进行。(监控操作职业方向)（ ）
28. 在集中火灾报警控制器上模拟产生各类报警信息时不应损坏系统组件,每次操作完成后,应将设备恢复正常工作状态。(监控操作职业方向)（ ）
29. 目前的火灾报警控制系统主要采用多线控制盘。（ ）
30. 多线控制盘的手动启动与消防联动控制器是否正常无关,只需确保多线控制盘的电源打开,手动工作模式处于“允许”状态。（ ）
31. 火灾显示盘,又称区域显示器、楼层显示器,是火灾自动报警系统中报警和故障信息的现场分显设备。（ ）
32. 补气式消防稳压设施的气压罐在使用时气、水分离。（ ）
33. 消防电话分机具备拨号功能。（ ）
34. 消防应急广播主机播放疏散指令的操作方法为:打开消防应急广播主机电源,使主机处于正常工作状态,按下“应急”按键,松开后再接着按下“监听”键,此时主机应正常播放应急疏散指令。（ ）
35. 钢质防火卷帘也称为普通防火卷帘,包括符合耐火完整性要求的钢质防火卷帘,以及符合耐火完整性要求和防烟性能要求的钢质防火防烟卷帘。（ ）
36. 建筑内经常有人通行处的防火门宜采用常开防火门。（ ）
37. 保养消防控制室图形显示装置的显示屏时,表面应用湿布擦拭清洁干净。（ ）
38. 在湿式、干式自动喷水灭火系统中阀门的保养方法中,若发现阀门井积水、有垃圾或者有杂物的,应及时排除积水。（ ）
39. 在对消防电梯排水设施中排水泵进行保养时,排水泵排水能力测试以及启、停测试均应在有水情况下进行。（ ）
40. 特殊响应喷头是指平均响应时间系数(RTI)小于或等于 $50(m\cdot s)^{0.5}$。(检测维修保养职业方向)（ ）
41. 自动喷水灭火系统中的报警管路控制阀应保持常闭,否则易造成水力警铃工作不正常。(检测维修保养职业方向)（ ）
42. 更换消防应急广播模块时,先将消防应急广播模块与底座卡扣对准,垂直于底座方向用力按下,再使用编码器对即将更换的广播模块编码,最后进行读编码确认。(消防设施检测维修保养)（ ）
43. 消防应急照明和疏散指示系统应急启动后,总建筑面积为 5 000 m^2 的图书馆蓄电池电源供电时持续工作时间不应少于 0.5 h。(检测维修保养职业方向)（ ）
44. 防火卷帘运行时噪声大,可能是门体与导轨被卡住。(检测维修保养职业方向)（ ）
45. 室内消火栓系统的稳压装置不能稳压的原因可能为气压罐漏气严重。(检测维修保养职业方向)（ ）
46. 维修灭火器时,再充装灭火剂之前,应对未更换的零部件进行清洁处理。(检测维修保养

职业方向) ( )

47. 报废灭火器,按拆卸灭火器的方法将灭火器瓶体和其他零部件分拆开,并分类进行报废处置。(检测维修保养职业方向) ( )
48. 当控制模块或线路发生故障时,挡烟垂壁不能自动启动。(检测维修保养职业方向) ( )
49. 在检查火灾自动报警系统中的模块时,模块安装应牢固,工作状态指示灯应常亮。(检测维修保养职业方向) ( )
50. 火灾报警控制器的每个火灾探测器检测后,可以消音复位。(检测维修保养职业方向) ( )
51. 在火灾自动报警系统各组件的设置和安装要求中,每个报警区域内的模块宜相对集中设置在本报警区域内的金属模块箱中。(检测维修保养职业方向) ( )
52. 点型火灾探测器的确认灯应面向便于人员核查的主要出口方向。(检测维修保养职业方向) ( )
53. 在对点型感温火灾探测器进行功能测试时,用感温探测器功能试验器(或热风机)给点型感温火灾探测器的感温元件加热,火灾探测器的报警确认灯应点亮,并保持至被复位。(检测维修保养职业方向) ( )
54. 集中控制型消防应急照明和疏散指示系统,应由火灾报警控制器或消防联动控制器启动应急照明控制器实现。(检测维修保养职业方向) ( )
55. 火灾自动报警系统接地装置的接地电阻值应符合规定,采用共用接地装置时,接地电阻值不应大于4 Ω。(检测维修保养职业方向) ( )
56. 干式自动喷水灭火系统的加速器应安装在靠近报警阀的位置,且应有防止水进入加速器的措施。(检测维修保养职业方向) ( )
57. 常见的检测压力的仪表有表盘指针式和数字式两种。(检测维修保养职业方向) ( )
58. 民用建筑内扬声器应设置在楼梯间和大厅等公共场所。(检测维修保养职业方向)( )
59. 消防电梯通过迫降控制进入消防状态,迫降后在消防员入口层开门待用,此后消防电梯完全由轿厢内控制,外部各层可以召唤。(检测维修保养职业方向) ( )
60. 当消防水池两根补水管的补水流量不一致时,补水能力测试应选择流量较大的补水管进行。(检测维修保养职业方向) ( )

参考答案及详解

一、单项选择题

1. B。【解析】职业纪律是从业者在岗位工作中必须遵守的规章、制度、条例等职业行为规范。
2. C。【解析】无论何种形式的引火源,都必须达到一定的能量,即要有一定的温度和足够的热量才能引起燃烧反应,否则,燃烧不会发生。
3. B。【解析】一般来说,可燃物的燃烧均是指在空气中进行的燃烧,空气中含有大约21%的氧,可燃物在空气中的燃烧以游离的氧作为氧化剂,这种燃烧是最普遍的。
4. A。【解析】商业服务网点是指设置在住宅建筑的首层或首层及二层,每个分隔单元建筑面积不大于300 m^2 的商店、邮政所、储蓄所、理发店等小型营业性用房。
5. A。【解析】火灾危险性较大的生产部分占本层或本防火分区建筑面积的比例小于5%或丁、戊类厂房内的油漆工段小于10%,且发生火灾事故时不足以蔓延至其他部位或火灾危险性较大的生产部分采取了有效的防火措施,可按火灾危险性较小的部分确定厂房或防火分区内的生产火灾危险性类别。
6. D。【解析】耐火极限是指在标准耐火试验条件下,建筑构件、配件或结构从受到火的作用时起,至失去承载能力、完整性或隔热性时止所用的时间,用小时(h)表示。
7. C。【解析】三级耐火等级的丁、戊类厂房最多允许建筑层数为3层。
8. B。【解析】民用建筑内的剧院、电影院、礼堂与其他区域分隔，应采用耐火极限不低于2.00 h的防火隔墙。

9. D。【解析】甲、乙类厂房与高层民用建筑间的防火间距不应小于50 m。

10. D。【解析】建筑高度大于33 m的住宅建筑，一类高层公共建筑和建筑高度大于32 m的二类高层公共建筑、5层及以上且总建筑面积大于3 000 m^2(包括设置在其他建筑内五层及以上楼层)的老年人照料设施，均应设置消防电梯。

11. D。【解析】厂房内疏散走道的净宽度不宜小于1.4 m。

12. B。【解析】疏散楼梯间的一般要求包括：(1)楼梯间应能天然采光和自然通风，并宜靠外墙设置。(2)楼梯间应在标准层或防火分区的两端布置，便于双向疏散，并应满足安全疏散距离的要求，尽量避免袋形走道。(3)楼梯间内不应有影响疏散的凸出物或其他障碍物。楼梯间及前室不应设置烧水间、可燃材料储藏室、垃圾道，不应设置可燃气体和甲、乙、丙类液体管道。(4)除通向避难层错位的疏散楼梯外，建筑内的疏散楼梯间在各层的平面位置不应改变。

13. A。【解析】地下餐饮场所的墙面、地面、隔断、装饰织物的装修材料燃烧性能等级分别不应低于A级、A级、B_1级、B_1级。

14. A。【解析】用图形符号、文字符号、项目代号等表示电路各个电气元件之间的关系和工作原理的图称为电气原理图。

15. B。【解析】用于测量电路中电压的仪表称为电压表。

16. C。【解析】过负载保护电器的动作特性应同时满足以下两个条件：(1)线路计算电流小于等于熔断器熔体额定电流，后者应小于等于导体允许持续载流量。(2)保证保护电器可靠动作的电流小于等于1.45倍熔断器熔体额定电流。

17. D。【解析】电热器具周围0.5 m以内不应放置可燃物。

18. A。【解析】由区域火灾报警控制器和火灾探测器组成，功能简单的火灾自动报警系统称为区域报警系统。

19. A。【解析】准工作状态时配水管道内充满用于启动系统的有压水，火灾发生时喷头受热开放后即能喷水灭火，系统响应速度较快的系统是湿式系统。

20. A。【解析】管网灭火系统是指按一定的应用条件进行设计计算，将灭火剂从储存装置经由干管、支管输送至喷放组件实施喷放的灭火系统。

21. C。【解析】防护区应设置泄压口，七氟丙烷、二氧化碳灭火系统的泄压口应位于防护区净高的2/3以上。

22. A。【解析】储气式干粉灭火系统是将驱动气体(氮气或二氧化碳)单独储存在储气瓶中，灭火使用时再将驱动气体充入干粉储罐，进而携带驱动干粉喷射实施灭火。

23. A。【解析】防烟楼梯间属于第一安全区，前室属于第二安全区，走廊属于第三安全区，房间属于第四安全区。

24. C。【解析】电梯能每层停靠，其载重量不小于800 kg。

25. C。【解析】超细干粉灭火剂是指90%粒径小于或等于20 μm的固体粉末灭火剂。

26. C。【解析】国家综合性消防救援机构是负责火灾扑救的专业部门，随时待命、有警必出。

27. B。【解析】微型消防站(房)器材配置要求有：(1)微型消防站应设置人员值守、器材存放等用房，可与消防控制室合用，有条件的可单独设置。(2)微型消防站应根据扑救初起火灾需要，配备一定数量的灭火器、水枪、水带等灭火器材，配置外线电话、手持对讲机等通信器材。有条件的站点可选配消防头盔、灭火防护服、防护靴、破拆工具等器材。(3)微型消防站应在建筑物内部和避难层设置消防器材存放点，可根据需要在建筑之间分区域设置消防器材存放点。(4)有条件的微型消防站可根据实际选配消防车辆。

28. B。【解析】当起火点部位不明显，初步认定的起火点与火场遗留痕迹不一致时，根据需要应适当扩大保护区。

29. B。【解析】在计算机中，一个汉字占2个字节的存储容量。

30. A。【解析】鼠标左键单击第一个文件，按住【Shift】键后用鼠标单击最后一个文件，则选中一组连续文件。

31. C。【解析】如果在不同的汉字输入法间进行切换，可以使用【Ctrl】+【Shift】组合键快速实现。

32. B。【解析】在文件中定位后，按【Delete】键向右逐个删除光标后面的文字，按【Backspace】键向左逐个删除光标前面的文字。

33. A。【解析】A4纸张的纵向尺寸为21厘米×29.7厘米。

34. D。【解析】在Excel 2010中，一个工作簿文件由若干个工作表组成。

35. A。【解析】计算机网络就是采用专用的通信线路把地理上分散的、具有独立功能的计算机、电子终端设备和通信设备连接起来，遵循统一的协议，使计算机和电子终端设备可以通信、传递信息，共享硬件、软件、数据资源。

36. C。【解析】光纤广泛应用于长距离传输。

37. D。【解析】收藏夹是一个目录，存放用户需要保留或经常访问的网页地址,用户可直接点击收藏夹中的页面名称访问这些网页,无须再输入地址。

38. C。【解析】劳动者可以单方面解除劳动合同,但应当提前30日以书面形式通知用人单位。

39. D。【解析】消防救援机构应当自受理申请之日起10个工作日内,根据消防技术标准和管理规定,对该场所进行消防安全检查。

40. A。【解析】消防技术服务机构和执业人员,应当依法获得相应的资质、资格,依照法律、行政法规、国家标准、行业标准和执业准则,接受委托提供消防技术服务,并对服务质量负责。

41. A。【解析】集中火灾报警控制器是火灾自动报警系统中用于接收、显示和传递火灾报警信号,发出控制信号,并具有其他辅助功能的控制指示设备。

42. B。【解析】正常状态下,火灾自动报警系统的主电工作指示灯(绿色)点亮,控制器由AC 220 V电源供电工作。

43. B。【解析】压力开关是一种压力传感器,其作用是将系统中的水压信号转换为电信号。

44. D。【解析】消防水池最低有效水位是消防水泵吸水管喇叭口或出水管喇叭口以上0.6 m水位。

45. A。【解析】挡烟垂壁是用不燃材料制成,垂直安装在建筑顶棚、梁或吊顶下,能在火灾时形成一定蓄烟空间的挡烟分隔设施。

46. D。【解析】独立式电气火灾监控探测器是一款具备检测低压配电线路中剩余电流和线路温度功能且能够独立使用的电气火灾监控探测器,自成一个小系统,可带地址编码且能独立使用,具有储存功能及较强的显示操作功能,能对剩余电流互感器和温度传感器进行故障诊断,报警精度高、可靠性强(能够有效防止误报、漏报),简单实用,安装方便。

47. B。【解析】剩余电流式电气火灾监控探测器的报警设定值范围为20~1 000 mA。

48. C。【解析】触发火灾监管设备向集中火灾报警控制器发出监管信号,同时,灯键指示板上的监管灯点亮。常用火灾监管设备有压力开关、水流指示器、信号蝶阀等。

49. A。【解析】判别现场消防设备工作状态时,在设备信息位图显示方式下,位图节点状态背景颜色对应屏幕右侧条目栏信息事件,红色代表火警状态,绿色代表启动状态,蓝色代表请求状态,灰色代表屏蔽状态等。

50. C。【解析】直线控制一般采用多线控制,即采用独立的手动控制单元,每个控制单元通过直接连接的导线和控制模块对应控制一个受控消防设备,属于点对点控制方式。

51. A。【解析】多线控制盘操作面板上手动控制单元中的每个操作按钮分别对应一个启动指示灯和一个反馈指示灯,分别用于提示按键状态、显示设备运行状态。

52. D。【解析】线型光束感烟火灾探测器的光束轴线至顶棚的垂直距离宜为0.3~1.0 m,距地高度不宜超过20 m。

53. B。【解析】每个报警区域宜设置一台火灾显示盘。当一个报警区域包括多个楼层时,宜在每个楼层设置一台仅显示本楼层的火灾显示盘。

54. A。【解析】湿式自动喷水灭火系统的适用范围是环境温度不低于4 ℃且不高于70 ℃的场所;干式自动喷水灭火系统的适用范围是环境温度低于4 ℃或高于70 ℃的场所。

55. D。【解析】消防电话总机应设置在消防控制室内,可以组合安装在柜式或琴台式的火灾报警控制柜内。消防电话总机具有通话录音、信息记录查询、自检和故障报警灯功能。消防电话总机应能与所有消防分机电话、电话插孔之间互相呼叫与通话,并显示每部分机或电话插孔的位置。处于通话状态的消防电话总机能呼叫任意一部及以上消防电话分机,被呼叫的消防电话分机摘机后,能自动加入通话。消防电话总机能终止与任意消防电话分机的通话,且不影响与其他消防电话分机的通话。

56. C。【解析】消防应急广播系统的消音指示灯平时熄灭,有故障时按下消音键常亮为黄色。

57. A。【解析】当火灾确认后,火灾自动报警系统应在15 s内联动相应防烟分区的全部活动挡烟垂壁,60 s以内挡烟垂壁应开启到位。

58. C。【解析】限位器的功能是限制防火卷帘的上升和下降高度,防止帘面过度上升和下降。限位器跟随链轮移动,达到上限位和下限位时向控制器发出停止指令。

59. A。【解析】防火门监控器是用于显示并控制防火门打开、关闭状态的控制装置,其上接火灾报警控制器,下接防火门监控模块和电动闭门器、电磁释放器、门磁开关等现场执行部件,是防火门监控系统的重要组件。

60. C。【解析】监控器应能记录与其连接的防火门的状态信息(包括防火门地址,开、闭和故障状态及相应的时间等),记录容量不应少于10 000条,并具有信息查询和将上述信息上传的功能。

61. B。【解析】集中电源非集中控制型应急照明和疏散指示系统由集中电源型消防应急灯具、应急照明集中电源、应急照明分配电装置及相关附件等组成。

62. A。【解析】应急照明控制器在消防控制室地面上设置时,应符合下列规定:(1)设备面板前的操作距离,单列布置时不应小于1.5 m,双列布置时不应小于2 m。(2)在值班人员经常工作的一面,设备面板至墙的距离不应小于3 m。(3)设备面板后的维修距离不宜小于1 m。(4)设备面板的排列长度大于4 m时,其两端应设置宽度不小于1 m的通道。

63. C。【解析】可燃气体报警控制器保养的正确操作程序为:(1)使用钥匙打开箱门,将控制器主、备电源切断。(2)用小毛刷将机柜(壳)内设备空隙和线材上的灰尘和杂质清扫出来,然后用吸尘器清理干净。(3)用抹布将装置柜(壳)内设备和线材清洁干净,确保表面无污迹。如果发现机柜有水存在,应该用干燥的抹布擦拭干净,保证柜(壳)在干燥情况下才能通电。机壳外表面的指示灯、显示屏应清洁干净,指示及字符清晰可见。(4)检查线路接头处有无氧化或锈蚀痕迹,若有则应采取防潮、防锈措施,如镀锡和涂抹凡士林等。发现螺栓及垫片有生锈现象应予更换,确保接头连接紧密。(5)保养结束后,给控制器送电,用钥匙将箱门锁闭。(6)填写《建筑消防设施维护保养记录表》。

64. D。【解析】消防设备末端配电装置的清扫和检修一般每年至少一次。

65. B。【解析】消防电梯挡水和排水设施保养时,要求排水井的容量不应小于2 m^3。

66. D。【解析】火灾警报装置不发出声和光警示信息的原因主要有:(1)火灾警报装置自身损坏。(2)电源电压过低。(3)火灾警报装置与底座安装不牢靠,底座接线松动。

67. D。【解析】水力警铃工作不正常的原因为安装调试不符合要求,则维修方法为重新进行安装调试。

68. D。【解析】湿式报警阀开启后报警管路不排水的原因包括:(1)报警管路控制阀被关闭。(2)限流装置过滤网堵塞。(3)阀座环形槽和小孔堵塞。

69. D。【解析】湿式自动喷水灭火系统中报警管路误报警的原因包括:(1)未按照安装图纸安装或未按照调试要求进行调试。(2)报警阀渗漏严重通过报警管路流出。(3)湿式系统延迟器下部孔板溢出水孔堵塞。

70. D。【解析】消防电话分机不断呼叫电话主机的原因包括:(1)分机与底座意外脱落。(2)分机外挂线路发生故障。(3)分机或插孔间重码。

71. C。【解析】应急照明控制器的备电故障报警:备电工作指示灯熄灭,系统故障工作灯点亮,应急照明控制器主机报出备电故障。

72. C。【解析】手动按钮盒不能启动防火卷帘的维修方法主要有:检查主电源、控制电源、电动机、手动按钮开关、行程开关,重新设置或维修、更换;检查卷帘帘面、帘座、导轨,矫正变形,清除异物。

73. D。【解析】防火门启闭过程不灵活,有卡滞的维修方法主要有:(1)润滑和更换转(传)动部件。(2)检查门扇下框和地面,清除异物,调整门扇与地面间隙。

74. C。【解析】建筑高度不大于27 m的住宅建筑,设置室内消火栓系统确有困难时,可只设置干式消防竖管和不带消火栓箱的DN65的室内消火栓。

75. C。【解析】室外消火栓系统按供水压力可分为高压消火栓系统、临时高压消火栓系统和低压消火栓系统。

76. D。【解析】维修水基型灭火器操作程序的最后一步是整理维修记录。

77. C。【解析】手提贮压式干粉灭火器压力指示器的标识为“F”,大于3 kg时还应配置喷射软管。

78. C。【解析】对外观目测判断,有下列情况之一者,应报废:(1)铭牌标志脱落,或虽有铭牌标志,但标志上生产商名称无法识别、灭火剂名称和充装量模糊不清,以及永久性标志内容无法辨认。(2)瓶体被火烧过。(3)瓶体有严重变形。(4)瓶体外部涂层脱落面积大于气瓶总面积的1/3。(5)瓶体外表面、连接部位、底座等有腐蚀的凹坑。(6)由不合法的维修机构维修过。

79. C。【解析】挡烟垂壁不能自动启动的原因包括:(1)配用探测器发生故障。(2)控制模块或线路发生故障。(3)未编写联动公式或联动公式错误。

80. C。【解析】应急照明控制器的主电故障报警时,检查输入电源是否完好,交流电源电压是否为180 ~250 V。

81. D。【解析】火灾警报器的检测内容主要是试验警报功能。

82. A。【解析】手动火灾报警按钮从一个防火分区内的任何位置到最邻近的手动火灾报警按钮的步行距离不应大于30 m。

83. B。【解析】点型火灾探测器距多孔送风顶棚孔口的水平距离不应小于0.5 m。

84. D。【解析】点型火灾探测器在宽度小于3 m的内走道顶棚上宜居中布置,感烟火灾探测器的安装间距不应超过15 m。

85. D。【解析】当确认火灾后,由发生火灾的报警区域开始,顺序启动全楼疏散通道的消防应急照明和疏散指示系统,系统全部投入应急状态的启动时间不应大于5 s。

86. D。【解析】消防联动控制器应能按设定的控制逻辑向各相关受控设备发出联动控制信号,并接收相关设备的联动反馈信号。

87. C。【解析】末端试水装置的出水,应采取孔口出流的方式排入排水管道,排水立管宜设伸顶通气管,且管径不应小于75 mm。

88. A。【解析】水力警铃与报警阀连接的管道,其管径应为 20 mm,总长不宜大于 20 m。

89. D。【解析】易受碰撞的部位,应采用带保护罩的洒水喷头或吊顶型洒水喷头。

90. B。【解析】湿式、干式自动喷水灭火系统管道横向安装坡度为 0.002 ~0.005,且坡向排水管。

91. C。【解析】在开启警铃试验阀后,干式报警阀组水力警铃应在 15 s 内发出报警铃声。

92. D。【解析】自动喷水灭火系统联动控制的测试方法包括:(1)通过开启末端试水装置、报警阀泄水阀、警铃试验阀、专用测试管路或报警阀压力开关、压力开关配用输入模块模拟等方式产生报警阀压力开关动作信号。(2)通过使用火灾探测器测试装置触发该报警阀所在防护区域内任一火灾探测器或启动任一手动火灾报警按钮产生报警信号。(3)在接到上述两个信号后,消防联动控制器发出消防水泵启动信号。

93. A。【解析】客房设置专用扬声器时,其功率不宜小于 1 W。

94. B。【解析】按照《建筑消防设施的维护管理》(GB 25201)的要求,消防电话系统的检测内容主要包括:测试消防电话主机与电话分机、插孔电话之间的通话质量,电话主机的录音功能,拨打“119”功能。

95. C。【解析】当方向标志灯安装在疏散走道、通道上方时,室内高度不大于 3.5 m 的场所,标志灯底边距地面的高度宜为 2.2 ~2.5 m;室内高度大于 3.5 m 的场所,特大型、大型、中型标志灯底边距地面高度不宜小于 3 m,且不宜大于 6 m。

96. C。【解析】高危险场所灯具光源应急点亮的响应时间不应大于 0.25 s。

97. A。【解析】组装式水泵接合器的安装,应按接口、本体、连接管、止回阀、安全阀、放空管、控制阀的顺序进行,止回阀的安装方向应使消防用水能从水泵接合器进入系统。

98. C。【解析】消防水池(水箱)的管道外壁与建筑本体墙面之间的通道宽度不宜小于 0.6 m。

99. C。【解析】最不利点处消火栓栓口的静压:一类高层公共建筑不应低于 0.1 MPa,当建筑高度超过 100 m 时,不应低于 0.15 MPa;高层住宅、二类高层公共建筑、多层公共建筑,不应低于 0.07 MPa,多层住宅不宜低于 0.07 MPa;工业建筑不应低于 0.10 MPa,当建筑体积小于 20 000 m^3 时,不宜低于 0.07 MPa。

100. C。【解析】工艺装置区等采用高压或临时高压消防给水系统的场所,其周围应设置室外消火栓,间距不应大于 60 m。

二、多项选择题

1. ABCD。【解析】消防行业职业道德的特点包括:(1)消防安全的责任性。(2)工作标准的原则性。(3)职业行为的指导性。(4)规范从业的约束性。

2. ABC。【解析】火灾预防的工作包括:(1)制定消防法规和消防技术规范。(2)制定消防发展规划。(3)编制城乡消防建设规划。(4)全面落实消防安全责任。(5)加强城乡公共消防设施建设和维护管理。(6)加强建设工程消防管理。(7)单位日常消防管理。(8)加强社区消防安全管理。(9)开展全民消防宣传教育。(10)消防监督管理。(11)火灾事故调查与统计。

3. ABD。【解析】燃烧过程的发生和发展都必须具备三个必要条件,即可燃物、助燃物和引火源。

4. ABCD。【解析】根据建筑室内火灾温度随时间的变化特点,通常将建筑火灾发展过程分为四个阶段,即火灾初起阶段、火灾成长发展阶段、火灾猛烈燃烧阶段和火灾衰减熄灭阶段。

5. ABDE。【解析】老年人照料设施平面布置要求:(1)老年人照料设施宜独立设置。独立建造的一、二级耐火等级老年人照料设施的建筑高度不宜大于 32 m,不应大于 54 m;独立建造的三级耐火等级老年人照料设施,不应超过 2 层。(2)当老年人照料设施与其他建筑上、下组合时,老年人照料设施宜设置在建筑的下部。(3)当老年人照料设施中的老年人公共活动用房、康复与医疗用房设置在地下、半地下时,应设置在地下一层,每间用房的建筑面积不应大于 200 m^2 且使用人数不应大于 30 人。

6. BCDE。【解析】避难层的设置应满足下列要求:(1)从首层到第一个避难层之间及两个避难层之间的高度不应大于 50 m。(2)通向避难层的疏散楼梯应在避难层分隔、同层错位或上下层断开,人员必须经避难层才能上下。(3)避难层的净面积应能满足设计避难人数避难的要求,宜按 5 人/m^2 计算。(4)避难层可与设备层结合布置,但设备管道应集中布置。(5)避难层应设置消防电梯出口。(6)避难层应设置消火栓和消防软管卷盘、直接对外的可开启窗口或独立的机械防烟设施、消防专线电话和应急广播。

7. ABC。【解析】湿式系统、干式系统、预作用系统、重复启闭预作用系统属于闭式系统。雨淋系统和水幕系统属于开式系统。

8. ABC。【解析】单罐容量大于 1 000 m^3 的固定顶罐应设置固定式泡沫灭火系统;罐壁高度小于 7 m 或容量不大于 200 m^3 的储罐,可采用移动式泡沫灭火系统;其他储罐宜采用半固定式泡沫灭火系统。

9. ACDE。【解析】符合下列规定之一时,应设置消防水池:一是当生产、生活用水量达到最大时,市政给水管网或入户引入管不能满足室内、室外消防给水设计流量;二是当采用一路消防供水或只有一条入户引入管,且室外消火栓设计流量大于20 L/s或建筑高度大于50 m时;三是市政消防给水设计流量小于建筑室内外消防给水设计流量。

10. ABCDE。【解析】泡沫灭火剂按构成成分不同,分为蛋白泡沫灭火剂、氟蛋白泡沫灭火剂、水成膜泡沫灭火剂、成膜氟蛋白泡沫灭火剂、合成泡沫灭火剂、抗溶性泡沫灭火剂和A类泡沫灭火剂等类型。

11. ABCDE。【解析】报火警时,必须讲清以下内容:(1)起火单位和场所的详细地址。包括单位、场所及建筑物和街道名称,门牌号码,靠近何处,并说明起火部位及附近的明显标志等。(2)火灾基本情况。包括起火的场所和部位,着火的物质,火势的大小,是否有人员被困,火场有无化学危险源等,以便消防救援部门根据情况派出相应的灭火车辆。(3)报警人姓名、单位及电话号码等相关信息。

12. DE。【解析】机械硬盘最主要的性能指标是转速和容量。

13. AB。【解析】常用的音频处理软件有Adobe Audition、GoldWave、All Editor等。

14. ABCDE。【解析】Word 2010提供五种文本对齐方式,分别为左对齐、右对齐、居中、两端对齐和分散对齐。

15. ABCD。【解析】劳动者有以下四种情形之一,用人单位可以单方面解除劳动合同:在试用期间被证明不符合录用条件的;严重违反劳动纪律或者用人单位规章制度的;严重失职,营私舞弊,对用人单位利益造成重大损害的;被依法追究刑事责任的。

16. ABCD。【解析】住房和城乡建设主管部门、消防救援机构及其工作人员应当按照法定的职权和程序进行消防设计审查、消防验收、备案抽查和消防安全检查,做到公正、严格、文明、高效。

17. ABCDE。【解析】集中火灾报警控制器的组成主要包括显示板(含显示屏)、指示灯、开关和按钮、打印机、主板、输入/输出控制板、音响器件、网络接口组件、电源装置(含电池)、外壳等器件。

18. ABC。【解析】预作用自动喷水灭火系统的适用场所包括:(1)系统处于准工作状态时严禁误喷的场所。(2)系统处于准工作状态时严禁配水管道充水的场所。(3)用于替代干式系统的场所。

19. ACE。【解析】检查判断自动喷水灭火系统中消防供水设施的工作状态时,需要:(1)检查消防供水设施组件的齐全性、外观完整性、系统和组件标识。(2)检查就地水位显示装置,核校有效储水量。(3)检查各管路及气压罐压力表指示,进、出水等管路阀门的启闭状态和锁定情况。(4)检查消防泵组电气控制柜的供电和各项切换功能,手/自动转换开关应处于自动位。(5)测试消防泵组手动启停功能和稳压泵自动启停功能。

20. ABCDE。【解析】接通电源后,集中火灾报警控制器根据系统状况可以发出火警、联动、监管、屏蔽和故障报警等信号。

21. ABD。【解析】目前的火灾报警控制系统主要采用总线控制盘,其信号线由两根线组成,信号与供电共用一个总线,同时负责火灾探测器、手动火灾报警按钮和火灾声光警报器以及各类模块的通信和供电。总线控制盘的每一个按键对应一个总线控制模块,对消防设备的控制是由控制模块实现的,选项C错误。总线控制盘具有对每个受控消防设备进行手动控制的功能。一台集中火灾报警控制器(联动型)可以设置多个总线控制盘,选项E错误。

22. AD。【解析】线型感温火灾探测器的设置应符合下列规定:(1)探测器在保护电缆、堆垛等类似保护对象时,应采用接触式布置;在各种皮带输送装置上设置时,宜设置在装置的过热点附近。(2)设置在顶棚下方的线型感温火灾探测器,至顶棚的距离宜为0.1 m。探测器的保护半径应符合点型感温火灾探测器的保护半径要求;探测器至墙壁的距离宜为1~1.5 m。(3)光栅光纤感温火灾探测器每个光栅的保护面积和保护半径应符合点型感温火灾探测器的保护面积和保护半径要求。(4)设置线型感温火灾探测器的场所有联动要求时,宜采用两只不同火灾探测器的报警信号组合。(5)与线型感温火灾探测器连接的模块不宜设置在长期潮湿或温度变化较大的场所。

23. ABCDE。【解析】当开关处于自动位时,可由多种方式控制水泵启动,包括:(1)消防控制室总线联动启动。(2)消防控制室多线控制盘操作按钮启动。(3)高位消防水箱出水管流量开关启动。(4)报警阀组压力开关启动。(5)消防水泵出水干管压力开关启动等。

24. BD。【解析】机械加压送风系统应与火灾自动报警系统联动,由加压送风口所在防火分区内的两只独立火灾探测器或一只火灾探测器与一只手动火灾报警按钮的报警信号作为送风口开启和加压送风机启动的联动触发信号,并由消防联动控制器联动控制相关层前室等需要加压送风场所的加压送风口开启和加压送风机启动。

25. BCDE。【解析】防火门监控系统的组成部件包括监控器、电动闭门器、电磁释放器、门磁开关、监控模块等。

26. ABCDE。【解析】应急照明控制器的控制、显示功能应符合下列规定:(1)能接收、显示、保持火灾报警控制器的火灾报警输出信号。(2)能按预设逻辑自动、手动控制系统的应急启动。(3)能接收、显示、保持其配接的灯具、集中电源或应急照明配电箱的工作状态信息。

27. ABCE。【解析】可燃气体报警控制器保养操作前的准备事项包括:(1)可燃气体报警控制器。(2)吸尘器、细毛刷、抹布等清洁用品,除锈剂、凡士林。(3)《建筑消防设施维护保养记录表》。

28. BCD。【解析】消防电梯排水设施的保养项目包括:(1)排水井。(2)排水泵。(3)电气控制柜。

29. ABC。【解析】喷头按灵敏度分类可分为快速响应喷头、特殊响应喷头和标准响应喷头。

30. AC。【解析】气压罐内供水量不足的原因包括:(1)气压罐的有效容积、水位及工作压力没有按设计值标定。(2)气压罐泄水管阀门未关闭。

31. BDE。【解析】消防应急广播模块与扬声器启动、切换功能测试内容包括:采用手动启动和联动启动的方式,检查广播模块和扬声器的启动、切换功能,广播控制器上显示×××编码的启动事件,指示灯常亮;检测后进行复位、自检操作,观察2 min,应处于正常监视状态。

32. BCD。【解析】防火卷帘运行时噪声大的维修方法主要有:(1)紧固五金件。(2)调节帘面位置,保证导轨相互平行。(3)加涂润滑油。

33. ABCD。【解析】灭火器维修过程中的记录必须包括:(1)维修编号。(2)产品型号。(3)瓶体的生产连续序号。(4)更换的零部件名称。(5)用回收再利用的灭火剂进行再充装记录(适用时)。(6)灭火剂充装量。(7)维修后总质量。(8)维修出厂检验项目、检验记录和判定结果。(9)维修人员、检验人员和项目负责人的签字。(10)维修日期。

34. ABCD。【解析】消防控制室不能远程手动启停风机的原因包括:(1)专用线路发生故障。(2)多线控制盘按钮接触不良或多线控制盘损坏。(3)与多线控制盘配套用的切换模块线路发生故障或模块损坏。(4)多线控制盘未解锁处于"手动禁止"状态,或风机控制柜处于"手动"状态。(5)风机及控制柜发生故障。

35. ABCD。【解析】传动带跳动或打滑的原因包括:(1)传动带过松(跳动)或过紧。(2)多条传动带传动时松紧不一。(3)两带轮位置偏斜,不在同一直线上。(4)传动带磨损、油腻或脏污。

36. ABCE。【解析】模块的设置和安装要求包括:(1)每个报警区域内的模块宜相对集中设置在本报警区域内的金属模块箱中。模块(或金属箱)应独立支撑或固定,安装牢固、并应采取防潮、防腐等措施。(2)严禁将模块设置在配电(控制)柜(箱)内。(3)未集中设置的模块附近应有尺寸不小于100 mm×100 mm的标识。

37. ACD。【解析】集中报警系统和控制中心报警系统中的区域火灾报警控制器在满足下列条件时,可设置在无人值班的场所:(1)本区域内无需要手动控制的消防联动设备。(2)本火灾报警控制器的所有信息在集中火灾报警控制器上均有显示,且能接收起集中控制功能的火灾报警控制器的联动控制信号,并自动启动相应的消防设备。(3)设置的场所只有值班人员可以进入。

38. ABCD。【解析】湿式报警阀组的报警功能可通过末端试水装置、专用测试管路、报警阀泄水阀、警铃试验阀等途径进行测试。

39. ABCD。【解析】消防电话系统功能检查、测试的操作程序内容包括:(1)接通电源,使消防电话系统处于正常工作状态。(2)测试消防电话总机自检功能。(3)测试消防电话总机录音功能。(4)测试消防电话总机消音功能。(5)测试消防电话总机故障报警功能。(6)测试消防电话总机群呼功能。(7)测试消防电话总机复位功能。(8)模拟电话报警通话。(9)填写记录。

40. ABCD。【解析】切断自带电源型和子母电源型主电源、集中电源型控制器主电源及接在消防配电线路上的应急照明灯具非消防电源,用秒表测量应急工作状态的持续时间。

三、判断题

1. ×。【解析】热传导是指物体一端受热,通过物体的分子热运动,把热量从温度较高的一端传递到温度较低一端的过程。

2. √。

3. √。

4. ×。【解析】消防车道的坡度不宜大于8%。

5. ×。【解析】剧场、电影院、礼堂宜设置在独立的建筑内;采用三级耐火等级建筑时,不应超过2层。

6. ×。【解析】防火分区至避难走道入口处应设置防烟前室,前室的使用面积不应小于6 m^2,开向前室的门应采用甲级防火门,前室开向避难走道的门应采用乙级防火门。

7. ×。【解析】通常约定支路中必须含有至少一个电路元件。

8. √。

9. ×。【解析】电容器是用1~3 mm厚的薄板作为外壳。

10. ×。【解析】在允许开电缆沟的地方,当电缆数量大于四根时,可敷在电缆沟内。

11. ×。【解析】自动喷水灭火系统主要用于扑救建(构)筑物初期火灾,平时处于准工作状态,当设置场所发生火灾时,喷头或报警控制装置探测火灾信号后立即自动启动喷水灭火,具有安全可靠、经济实用、灭火成功率高等优点。

12. ×。【解析】液下喷射系统通常有固定式和半固定式两种应用形式。
13. √。
14. √。
15. ×。【解析】中倍泡沫灭火剂一般用于控制或扑灭易燃、可燃液体、固体表面火灾及固体深位阴燃火灾。
16. ×。【解析】惰性气体灭火剂主要通过降低防护对象周围的氧浓度以致窒息进行灭火。
17. √。
18. ×。【解析】机械硬盘采用磁性碟片存储。
19. √。
20. ×。【解析】文件名或文件夹名中不区分英文字母大小写。
21. √。
22. ×。【解析】在非导向传输介质中,信号在一定空间范围内自由传播,也称无线介质。
23. √。
24. ×。【解析】一般单位对建筑消防设施每年至少进行一次全面检测。
25. ×。【解析】集中火灾报警控制器、消防联动控制器、消防控制室图形显示装置一般应设置在消防控制室内或有人值班的房间和场所。
26. √。
27. √。
28. √。
29. ×。【解析】目前的火灾报警控制系统主要采用总线控制盘,其信号线由两根线组成,信号与供电共用一个总线,同时负责火灾探测器、手动火灾报警按钮和火灾声光警报器及各类模块的通信和供电。
30. √。
31. √。
32. ×。【解析】胶囊式消防稳压设施的气压罐内设有胶囊,使用时气、水分离;补气式消防稳压设施的气压罐内不设胶囊,使用时气、水共存;无负压(叠压)稳压设施直接串接到有压管网上取水,能有效利用其管网压力并且不产生负压危害。
33. ×。【解析】消防电话分机本身不具备拨号功能,使用时操作人员将话机手柄拿起即可与消防总机通话。
34. ×。【解析】消防应急广播主机播放疏散指令的操作方法为:打开消防应急广播主机电源,使主机处于正常工作状态,按下“应急”按键,同时按下“监听”键,此时主机应正常播放应急疏散指令。
35. √。
36. √。
37. √。
38. ×。【解析】在湿式、干式自动喷水灭火系统中阀门的保养方法中,若发现阀门井积水、有垃圾或者有杂物的,应及时排除积水,清除垃圾、杂物。
39. ×。【解析】在对消防电梯排水设施中排水泵进行保养时,排水泵排水能力测试应在有水情况下进行,启、停测试可无水进行,但无水运转时间不能超过规定时间。
40. ×。【解析】特殊响应喷头是指平均响应时间系数(RTI)介于50~80$(m\cdot s)^{0.5}$。
41. ×。【解析】报警管路控制阀应保持常开,否则易造成水力警铃工作不正常。
42. ×。【解析】更换消防应急广播模块时,使用编码器对即将更换的广播模块编码,再进行读编码确认;编码后将消防应急广播模块与底座卡扣对准,垂直于底座方向用力按下。
43. √。
44. ×。【解析】防火卷帘运行时噪声大的原因包括:(1)五金件安装不牢固。(2)帘面走位。(3)未涂覆润滑油。
45. √。
46. √。
47. √。
48. √。
49. ×。【解析】在检查火灾自动报警系统中的模块时,模块安装应牢固,工作状态指示灯应闪亮。
50. ×。【解析】火灾报警控制器的每个火灾探测器检测后,只消音,不复位。
51. √。
52. ×。【解析】点型火灾探测器的确认灯应面向便于人员核查的主要入口方向。
53. √。
54. √。
55. ×。【解析】火灾自动报系统接地装置的接地电阻值应符合规定,采用共用接地装置时,接地电阻值不应大于1 Ω。
56. √。
57. √。
58. ×。【解析】民用建筑内扬声器应设置在走道和大厅等公共场所。
59. ×。【解析】消防电梯通过迫降控制进入消防状态,迫降后在消防员入口层开门待用,此后消防电梯完全由轿厢内控制,外部召唤失效。
60. ×。【解析】当消防水池两根补水管的补水流量不一致时,补水能力测试应选择流量较小的补水管进行。

天一新奥 TIANYI CULTURE

消防设施操作员（中级）

真题精选(二)

一、单项选择题(100 题,每题 0.5 分,共 50 分。每题有 4 个选项,其中只有 1 个是正确的,请将正确答案的代号填写在横线空白处)

1. ________是社会主义职业道德的本质特征。

A. 爱岗敬业　　B. 诚实守信

C. 服务群众　　D. 奉献社会

2. ________是评定可燃气体、液体蒸气或粉尘等物质火灾爆炸危险性大小的主要指标。

A. 燃点　　B. 自燃点

C. 闪点　　D. 爆炸极限

3. 下列物质的火灾中,属于 E 类火灾的是________。

A. 煤油　　B. 泡沫塑料制品

C. 天然气　　D. 运行中的电子计算机

4. 下列建筑属于高层建筑的是________。

A. 建筑高度为 25 m 的住宅建筑　　B. 建筑高度为 28 m 的住宅建筑

C. 建筑高度为 20 m 的办公楼　　D. 建筑高度为 24 m 的病房楼

5. 丁、戊类厂房内的油漆工段,当采用封闭喷漆工艺,封闭喷漆空间内保持负压、油漆工段设置可燃气体探测报警系统或自动抑爆系统,且油漆工段占所在防火分区建筑面积的比例不大于________时,可按火灾危险性较小的部分确定厂房的生产火灾危险性类别。

A. 5%　　B. 10%

C. 15%　　D. 20%

6. 除另有规定外,以木柱承重且墙体采用不燃材料的建筑,其耐火等级应按________确定。

A. 一级　　B. 四级

C. 二级　　D. 三级

7. 耐火等级为二级的地下或半地下丙类厂房的每个防火分区的最大允许建筑面积为________ m^2。

A. 500　　B. 1 000

C. 2 000　　D. 4 000

8. 附设在建筑内的消防控制室、灭火设备室、消防水泵房和通风空气调节机房、变配电室等,应采用耐火极限不低于________ h 的防火隔墙。

A. 1.50　　B. 2.00

C. 2.50　　D. 3.00

9. 甲类仓库与厂外道路路边的防火间距不应小于________ m。

A. 10　　B. 20

C. 30　　D. 40

10. 下列关于儿童活动场所平面布置的描述,错误的是________。

A. 儿童活动场所宜设置在独立的建筑内

B. 当采用一、二级耐火等级的建筑时,不应超过 3 层,可设在地下一层

C. 采用三级耐火等级的建筑时,不应超过 2 层

D. 采用四级耐火等级的建筑时,应为单层

11. 避难层是指建筑高度超过__________ m的公共建筑和住宅建筑中发生火灾时供人员临时避难使用的楼层。
A. 50　　B. 100
C. 150　　D. 200

12. 下列建筑的楼梯间应设置防烟楼梯间的是__________。
A. 一类高层建筑及建筑高度大于32 m的二类高层建筑
B. 建筑高度大于32 m的住宅建筑
C. 建筑高度大于32 m且任一层人数超过5人的高层厂房
D. 建筑地下层数为3层及3层以上或地下室内地面与室外出入口地坪高差大于5 m的建筑

13. 下列关于与基层墙体、装饰层之间无空腔且每层设置防火隔离带的建筑外墙外保温系统的做法中,错误的是__________。
A. 建筑高度为24 m的住宅建筑,采用B_2级保温材料,建筑外墙上门、窗的耐火完整性为0.50 h
B. 建筑高度为24 m的办公楼,采用B_2级保温材料,建筑外墙上门、窗的耐火完整性为0.75 h
C. 建筑高度为50 m的住宅建筑,采用B_1级保温材料,建筑外墙上门、窗的耐火完整性为0.75 h
D. 建筑高度为50 m的办公楼,采用B_1级保温材料,建筑外墙上门、窗的耐火完整性为0.25 h

14. 电气设备、装置和元件的种类名称用__________表示。
A. 基本文字符号　　B. 辅助文字符号
C. 图形符号　　D. 回路符号

15. 兆欧表使用前的检查不包括__________。
A. 外观检查　　B. 开路试验
C. 短路试验　　D. 空载试验

16. 长距离缆道每隔__________ m处等,均应设置防火墙。
A. 80　　B. 90
C. 100　　D. 110

17. 容量为500~2 000 W的灯具与可燃物之间的安全距离不应小于__________ m。
A. 0.3　　B. 0.5
C. 0.7　　D. 1.2

18. __________可对烟雾、温度、火焰辐射、气体浓度等火灾参数进行响应,并自动产生火灾报警信号。
A. 火灾探测器　　B. 火灾报警按钮
C. 火灾报警控制器　　D. 火灾声光警报器

19. 设置防火卷帘或防火幕等简易防火分隔物的上部应采用__________。
A. 湿式系统　　B. 干式系统
C. 雨淋系统　　D. 水幕系统

20. __________是指按一定的应用条件,将灭火剂储存装置和喷放组件等预先设计、组装成套且具有联动控制功能的灭火系统。
A. 管网灭火系统　　B. 预制灭火系统
C. 全淹没气体灭火系统　　D. 局部应用气体灭火系统

21. 低倍数泡沫灭火系统的发泡倍数__________。
A. 小于20　　B. 小于200
C. 小于500　　D. 小于1 000

22. ________分,可将干粉灭火系统分为设计型系统和预制型系统。

A. 按灭火方式　　B. 按设计情况

C. 按系统保护情况　　D. 按驱动气体储存方式

23. ________属于第四安全区。

A. 防烟楼梯间　　B. 前室

C. 走廊　　D. 房间

24. 逃生缓降器、逃生梯、应急逃生器、逃生绳供人员逃生的开口高度应在________ m 以上。

A. 0.5　　B. 1

C. 1.5　　D. 2

25. 在使用手提式干粉灭火器灭火时,距离燃烧物的距离宜为________ m。

A. 1 ~ 2　　B. 1 ~ 3

C. 2 ~ 5　　D. 3 ~ 6

26. 微型消防站应建立值守制度,确保值守人员________ h 在岗在位。

A. 8　　B. 12

C. 24　　D. 48

27. 火灾现场保护范围确定后,下列做法错误的是________。

A. 禁止任何人进入保护区　　B. 不得擅自移动火场中的任何物品

C. 对火灾痕迹和物证妥善保护　　D. 现场保护人员根据需要可进入保护区

28. ________由硬件系统和软件系统两大部分组成。

A. 计算机管理系统　　B. 计算机操作系统

C. 计算机系统　　D. 计算机应用系统

29. ________一般应用于家庭或照片打印。

A. 激光打印机　　B. 喷墨打印机

C. 热敏打印机　　D. 针式打印机

30. ________的大小决定了显卡处理图像的能力。

A. 分辨率　　B. 色深

C. 显存容量　　D. 刷新频率

31. .txt 表示________。

A. 文本文件　　B. Word 文件

C. 图形文件　　D. 音频文件

32. 选中文件后,按下________键,该文件被永久删除。

A.【Shift】+【Delete】　　B.【Shift】+【Enter】

C.【Ctrl】+【Delete】　　D.【Ctrl】+【Enter】

33. 在 Word 2010 中,快速访问工具栏上的作用是________文件。

A. 打开　　B. 保存

C. 新建　　D. 打印

34. 在 Word 2010 中,表示的含义是________。

A. 左对齐　　B. 右对齐

C. 居中　　D. 两端对齐

35. 在 Excel 2010 中,点击某个单元格,在编辑栏中显示 A8,则表示________。

A. 第 1 列第 8 行　　B. 第 1 列第 1 行

C. 第 8 列第 1 行　　D. 第 8 列第 8 行

36. 在 Excel 2010 中,数据在单元格的对齐方式有两种,分别是__________。
A. 上、下对齐　　B. 水平、垂直对齐
C. 左、右对齐　　D. 前、后对齐
37. 下列关于导向传输介质传输信号的说法,正确的是__________。
A. 双绞线、同轴电缆传输的都是光信号
B. 双绞线、同轴电缆传输的都是电信号
C. 双绞线传输的是电信号,同轴电缆传输的是光信号
D. 双绞线传输的是光信号,同轴电缆传输的是电信号
38. ISP 是__________。
A. 互联网服务提供商　　B. 传输协议
C. Internet　　D. 一种域名
39.《中华人民共和国消防法》规定,对全国的消防工作实施监督管理的部门是__________。
A. 国务院法制办　　B. 国务院公安部门
C. 国务院应急管理部门　　D. 国务院住房和城乡建设部门
40.《中华人民共和国消防法》规定,举办大型群众性活动,承办人应当依法向__________申请安全许可。
A. 公安机关　　B. 消防部门
C. 治安部门　　D. 安监部门
41. 下列关于集中火灾报警控制器功能的描述,错误的是__________。(监控操作职业方向)
A. 控制器在火灾报警状态下应有火灾声和/或光警报器控制输出
B. 当控制器内部、控制器与其连接的部件间发生故障时,控制器应能显示故障部位、故障类型等所有故障信息
C. 控制器的电源部分应具有主电源和备用电源转换装置
D. 控制器不能间接接收来自火灾探测器及其他火灾报警触发器件的火灾报警信号
42. 火灾自动报警系统控制器主电故障时,在备电正常状态下,指示灯显示叙述正确的是__________。(监控操作职业方向)
A. 主电工作指示灯熄灭,备电工作指示灯点亮
B. 主电工作指示灯点亮,主电故障指示灯点亮
C. 备电工作指示灯点亮,备电故障指示灯点亮
D. 备电工作指示灯熄灭,备电故障指示灯点亮
43. __________是将水流信号转换为电信号的一种报警装置,一般安装在自动喷水灭火系统的分区配水管上。(监控操作职业方向)
A. 延迟器　　B. 压力开关
C. 末端试水装置　　D. 水流指示器
44. 下列对正常工况下报警阀组各控制阀的启闭状态描述,正确的是__________。(监控操作职业方向)
A. 泄水阀常开　　B. 报警管路控制阀常开
C. 警铃试验阀常开　　D. 信号阀常闭
45. 排烟管道隔热材料应为不燃材料,且与可燃物保持不小于__________ mm 的距离。(监控操作职业方向)
A. 50　　B. 100
C. 150　　D. 200

46. 电气火灾监控设备应能接收来自电气火灾监控探测器的监控报警信号,并在__________ s内发出声、光报警信号,指示报警部位,显示报警时间。(监控操作职业方向)

A. 5　　B. 10

C. 50　　D. 100

47. 在判断消防设备末端配电装置的工作状态时,下列操作正确的是__________。(监控操作职业方向)

A. 开机前先闭合主电源空气开关再闭合备用电源开关,关机前先断开备用电源开关再断开主电源空气开关

B. 开机前先闭合备用电源开关再闭合主电源空气开关,关机前先断开备用电源开关再断开主电源空气开关

C. 开机前先闭合主电源空气开关再闭合备用电源开关,关机前先断开主电源空气开关再断开备用电源开关

D. 开机前先闭合备用电源开关再闭合主电源空气开关,关机前先断开主电源空气开关再断开备用电源开关

48. 关于集中火灾报警控制器、消防联动控制器手动状态切换为自动状态的操作,下列说法正确的是__________。

A. 当控制器处于监控状态时,直接按下键盘上的手/自动切换键,输入系统操作密码后按确认键,控制器将从手动状态切换为自动状态

B. 当控制器处于监控状态时,直接按下键盘上的手/自动切换键,控制器将从手动状态切换为自动状态

C. 当控制器处于火警状态时,直接按下键盘上的手/自动切换键,输入系统操作密码后按确认键,控制器将从手动状态切换为自动状态

D. 当控制器处于火警状态时,直接按下键盘上的手/自动切换键,控制器将从手动状态切换为自动状态

49. 通过"设备查看"方式判别现场消防设备工作状态时,在位图显示方式下,位图节点状态背景颜色对应屏幕右侧条目栏信息事件,__________代表请求状态。

A. 红色　　B. 绿色

C. 蓝色　　D. 灰色

50. 总线控制盘操作面板上的每个手动控制单元包括__________。

A. 一个操作按钮和一个状态指示灯　　B. 一个操作按钮和两个状态指示灯

C. 两个操作按钮和一个状态指示灯　　D. 两个操作按钮和两个状态指示灯

51. 多线控制盘的手动锁处于"禁止"状态下时,工作指示灯处于__________运行状态。

A. 红灯　　B. 绿灯

C. 黄灯　　D. 蓝灯

52. 线型光束感烟火灾探测器至侧墙水平距离不应大于__________ m,且不应小于__________ m。

A. 5、0.3　　B. 7、0.3

C. 5、0.5　　D. 7、0.5

53. 火灾显示盘设置工作状态指示灯,以__________指示灯指示监管报警状态。

A. 红色　　B. 绿色

C. 黄色　　D. 蓝色

54. 下列关于自动喷水灭火系统消防水泵的启动方式,说法错误的是__________。
A. 消防水泵应能手动启停和自动启动
B. 消防泵组电气控制柜开关处于手动位时,由控制柜面板启/停按钮手动控制水泵启停
C 消防泵组电气控制柜开关处于自动位时,消防控制室总线能够联动启动
D. 消防泵组电气控制柜开关处于手动位时,报警阀组压力开关能够启动

55. 下列关于消防电话总机呼叫分机的操作方法,描述错误的是__________。
A. 总机摘机,显示“呼叫选择”界面
B. 选择一个具体的分机,按下键盘区对应的数字按键
C. 对应的消防电话分机将振铃,消防电话主机话筒听到回铃音
D. 现场将对应分机手柄拿起,按“接通”键即可通话

56. 当输出功率大于额定功率120%并持续__________s后,消防应急广播系统的过载指示灯点亮。
A. 2　　B. 5
C. 10　　D. 15

57. 排烟系统的联动触发信号为__________。
A. 同一防火分区内的两只独立的火灾探测器报警信号
B. 同一防烟分区内的两只独立的火灾探测器报警信号
C. 同一防火分区内一只感温火灾探测器与一只感烟火灾探测器的报警信号
D. 同一防烟分区内一只火灾探测器与一只手动火灾报警按钮的报警信号

58. 在防火卷帘的部件中,__________的功能是在防火卷帘下放后封堵洞口,阻止火灾蔓延和控制烟雾扩散。
A. 座板　　B. 帘板(面)
C. 防护罩(箱体)　　D. 温控释放装置

59. __________是能够在收到指令后将处于打开状态的防火门关闭,并将其状态信息反馈至防火门监控器的电动装置。
A. 防火门监控器　　B. 防火门电动闭门器
C. 防火门电磁释放器　　D. 防火门门磁开关

60.《防火门监控器》(GB 29364)规定,__________用于指示故障、自检状态。
A. 红色　　B. 绿色
C. 黄色　　D. 蓝色

61. 由自带电源型消防应急灯具、应急照明控制器、应急照明配电箱及相关附件等组成的应急照明和疏散指示系统类型是__________。
A. 集中电源集中控制型　　B. 集中电源非集中控制型
C. 自带电源集中控制型　　D. 自带电源非集中控制型

62. 手动操作应急照明控制器的一键启动按钮,应急照明控制器应在__________s内发出系统手动应急启动信号。
A. 1　　B. 3
C. 5　　D. 10

63. 对湿式、干式自动喷水灭火系统的管道进行保养时,保养方法错误的是__________。
A. 发现管道漆面脱落的应及时更换
B. 发现管道接头存在渗漏的,应补漏
C. 发现管道接头存在锈蚀的,应除锈
D. 发现支架、吊架脱焊、管卡松动的,应进行补焊和紧固处理

64. 消防电话系统中功能检查的项目不包括__________。

A. 通话功能　　B. 显示功能

C. 总机群呼、录音功能　　D. 主、备电源的自动转换功能

65. 消防电话系统保养完成后,对消防电话总机进行复位和自检操作,等待__________ min,观察消防电话主机是否处于正常监视状态。

A. 1　　B. 2

C. 3　　D. 5

66. 干式系统空压机启动频繁的原因不包括__________。(检测维修保养职业方向)

A. 充气管路连接处松动　　B. 报警阀气室相关管路处有渗漏点

C. 报警管路控制阀被关闭　　D. 系统侧管网有渗漏点

67. 湿式报警阀阀后压力表显示正常,但阀前压力表显示无压力或水压不足的原因不包括__________。(检测维修保养职业方向)

A. 压力表损坏　　B. 水源侧控制阀被关闭

C. 高位消防水箱无水　　D. 消防水池无水

68. 末端试水装置测试时,水流指示器不动作,正确的维修方法不包括__________。(检测维修保养职业方向)

A. 清除水流指示器管腔内的杂物　　B. 将调整螺母与触头调试到位

C. 排查系统侧管网渗漏点并进行维修　　D. 维修或更换复位弹簧

69. 下列关于消防水泵接合器过水能力不足的维修措施的描述,不正确的是__________。(检测维修保养职业方向)

A. 更换密封圈、紧固螺栓或更换损坏件　　B. 维修或更换止回阀

C. 维修或更换安全阀　　D. 采取可靠的防冻措施

70. 消防电话分机、消防电话插孔通话功能测试时,至少要观察__________ min。(消防设施检测维修保养)

A. 1　　B. 2

C. 3　　D. 5

71. 消防应急照明和疏散指示系统应急启动后,总建筑面积大于 100 000 m^2 的公共建筑蓄电池电源供电时持续工作时间不应少于__________ h。(检测维修保养职业方向)

A. 0.5　　B. 1

C. 1.5　　D. 2

72. 防火卷帘升降不到位的维修方法为__________。(检测维修保养职业方向)

A. 维修限位开关　　B. 重新调整行程开关位置,检查门体

C. 更换上升或下降接触器联锁动断触点　　D. 维修主板

73. 防火门关闭缓慢或过速,双扇门关闭不严,造成此情况的原因不包括__________。(检测维修保养职业方向)

A. 门扇与地面局部产生摩擦　　B. 闭门器拉力调节不当

C. 双扇门顺序器损坏　　D. 门扇变形

74. 火灾时消防水鹤的出流量不宜低于__________ L/s,且供水压力从地面算起不应小于 0.10 MPa。(检测维修保养职业方向)

A. 10　　B. 15

C. 25　　D. 30

75. 室外消火栓无法打开的原因不包括__________。(检测维修保养职业方向)

A. 转动部件粘连或锈死　　B. 阀杆断裂

C. 消火栓栓体内存有余水,冬季余水冻结　　D. 控制阀关闭

76. 水基型灭火器灭火剂再充装允许误差为__________。(检测维修保养职业方向)

A. 1% ~ -5%　　B. 2% ~ -5%

C. 0% ~ -5%　　D. 0% ~ -2%

77. 手提式干粉型灭火器超过出厂期满__________年应维修。(检测维修保养职业方向)

A. 1　　B. 2

C. 5　　D. 8

78. 水压试验机属于维修灭火器需要配备的最基本的设备,其额定工作压力不小于__________MPa。(检测维修保养职业方向)

A. 1　　B. 2

C. 3　　D. 4

79. 挡烟垂壁无法手动启动的原因不包括__________。(检测维修保养职业方向)

A. 控制器缺电　　B. 控制器内电气发生故障

C. 驱动电机发生故障或缺电　　D. 控制模块或线路发生故障

80. 在检查火灾显示盘时,火灾显示盘应处于__________工作状态,工作状态指示灯应处于绿色点亮状态,周边不存在影响观察的障碍物。(检测维修保养职业方向)

A. 调试　　B. 报警

C. 故障　　D. 正常

81. 火灾自动报警系统各组件的检测方法中,手动火灾报警按钮的检测内容主要是__________功能。(检测维修保养职业方向)

A. 故障报警　　B. 火警优先

C. 自检　　D. 试验报警

82. 手动火灾报警按钮在每个__________应至少设置一只,应设在明显和便于操作的部位。(检测维修保养职业方向)

A. 防火分区　　B. 防护区域

C. 探测区域　　D. 防烟分区

83. 点型火灾探测器在宽度小于3 m的内走道顶棚上宜居中布置,探测器至端墙的距离不应大于探测器安装间距的__________。(检测维修保养职业方向)

A. 1/4　　B. 1/3

C. 2/3　　D. 1/2

84. 在对点型感烟火灾探测器进行功能测试时,被测的点型感烟火灾探测器应输出火灾报警信号,火灾报警控制器应接收火灾报警信号并发出火灾报警声、光信号,显示发出火灾报警信号探测器的__________。(检测维修保养职业方向)

A. 动作信息　　B. 巡检信息

C. 地址注释信息　　D. 故障信息

85. 在测试火灾自动报警系统联动功能时,应确认消防联动控制器处于__________状态。(检测维修保养职业方向)

A. "手动允许"　　B. "自动允许"

C. "调试允许"　　D. "动作允许"

86. 需要火灾自动报警系统联动控制的消防设备，其联动触发信号应采用________独立的报警触发装置报警信号的“与”逻辑组合。（检测维修保养职业方向）

A. 一个　　B. 两个

C. 三个　　D. 以上均可

87. 每个报警阀组的最不利点洒水喷头处应设________。（检测维修保养职业方向）

A. 水流指示器　　B. 信号阀

C. 水力警铃　　D. 末端试水装置

88. 在启动湿式自动喷水灭火系统的水力警铃时，警铃声压级应不小于________ dB。（检测维修保养职业方向）

A. 55　　B. 60

C. 70　　D. 65

89. 顶板为水平面的轻危险级、中危险级Ⅰ级住宅建筑、宿舍、旅馆建筑客房、医疗建筑病房和办公室，可采用________洒水喷头。（检测维修保养职业方向）

A. 下垂型　　B. 直立型

C. 边墙型　　D. 悬挂型

90. 下列关于湿式、干式自动喷水灭火系统管网的设置和安装要求，说法错误的是________。（检测维修保养职业方向）

A. 管道材质、管径、接头、管道连接方式以及采取的防腐、防冻等措施，符合消防技术标准和消防设计文件要求

B. 报警阀后的管道上不应安装其他用途的支管、水龙头

C. 如不同系统合用消防水泵时，应在报警阀前分开设置

D. 如不同系统合用消防水泵时，应在报警阀后分开设置

91. 测试干式系统末端试水装置的试验功能时，还应测试配水管道充水时间，应不大于________ min。（检测维修保养职业方向）

A. 1　　B. 2

C. 3　　D. 4

92. 下列不属于消防应急广播功能检测内容的是________。（检测维修保养职业方向）

A. 测试扬声器音量、音质　　B. 测试卡座的播音、录音功能

C. 测试合用广播系统的应急强制切换功能　　D. 测试广播对讲功能

93. 从一个防火分区内的任何部位到最近一个扬声器的直线距离不大于________ m。（检测维修保养职业方向）

A. 10　　B. 12.5

C. 20　　D. 25

94. 关于消防状态下对消防电梯的操作控制，说法错误的是________。（检测维修保养职业方向）

A. 如果消防电梯是由消防控制室远程手动或自动联动控制迫降的，在紧急迫降按钮按下前，消防电梯应不能运行

B. 按下所需到达楼层按钮（选层登记），持续按关门键直至轿门完全关闭，电梯开始运行

C. 消防电梯运行过程中，如果登记一个新的选层指令，则原来的指令被取消，电梯在最短的时间内运行到新登记的楼层

D. 消防员入口层不通过复位紧急迫降按钮，直接使消防电梯返回到消防员入口层

95. 下列关于多信息复合标志灯的安装，说法正确的是________。（检测维修保养职业方向）

A. 应安装在疏散走道、疏散通道的顶部

B. 标志灯的标志面应与疏散方向平行，指示疏散方向的箭头应指向安全出口或疏散出口

C. 标志灯底边距地面的高度应小于2 m
D. 安装在楼梯间内朝向楼梯的正面墙上

96. 下列关于防火卷帘帘板(面)安装质量要求的说法中,错误的是__________。(检测维修保养职业方向)
A. 钢质防火卷帘帘板装配完毕后应平直,不应有孔洞或缝隙
B. 相邻帘板串接后应转动灵活,无脱落
C. 钢质防火卷帘帘板两端挡板或防窜机构应装配牢固,卷帘运行时,相邻帘板窜动量不应大于3 mm
D. 无机纤维复合防火卷帘帘面应通过固定件与卷轴相连,帘面两端应安装防风钩

97. 设置稳压泵的临时高压消防给水系统应设置防止稳压泵频繁启停的技术措施,当采用气压水罐时,其调节容积应根据稳压泵启泵次数不大于__________次/h计算确定。(检测维修保养职业方向)
A. 15 B. 10
C. 20 D. 30

98. 自动喷水灭火系统等自动水灭火系统应根据喷头灭火需求压力确定灭火设施最不利点处的静水压力,但最小不应小于__________ MPa。(检测维修保养职业方向)
A. 0.05 B. 0.1
C. 0.15 D. 0.2

99. 室外消火栓宜沿建筑周围均匀布置,且不宜集中布置在建筑一侧;建筑消防扑救面一侧的室外消火栓数量不宜少于__________个。(检测维修保养职业方向)
A. 1 B. 2
C. 3 D. 4

100. 室外消火栓的保护半径不应超过__________ m。(检测维修保养职业方向)
A. 100 B. 150
C. 200 D. 250

二、多项选择题(40题,每题0.5分,共20分。每题的多个选项中,至少有2个是正确的,请将正确答案的代号填写在横线空白处)

1. 职业道德的特征包括__________。
A. 鲜明的行业性 B. 适用范围上的有限性
C. 一定的强制性 D. 相对稳定性
E. 利益相关性

2. 着火房间内烟气在流动扩散过程中,会出现__________。
A. 烟羽流 B. 顶棚射流
C. 烟气层沉降 D. 火风压
E. 烟囱效应

3. 下列关于消防水泵房平面布置的描述,正确的是__________。
A. 独立建造的消防水泵房耐火等级不应低于一级
B. 附设在建筑内的消防水泵房不应设置在地下三层及以下
C. 附设在建筑内的消防水泵房不应设置在室内地面与室外出入口地坪高差大于10 m的地下楼层
D. 附设在建筑内的消防水泵房,应采用耐火极限不低于2.00 h的隔墙和1.50 h的不燃性楼板与其他部位隔开
E. 附设在建筑内的消防水泵房开向疏散走道的门应采用乙级防火门

4. 下列关于避难走道设置的描述,正确的是__________。
A. 避难走道防火隔墙的耐火极限不应低于 3.00 h,楼板的耐火极限不应低于 2.50 h
B. 避难走道直通地面的出口不应少于 2 个,并应设置在不同方向
C. 任一防火分区通向避难走道的门至该避难走道最近直通地面的出口的距离不应大于 80 m
D. 避难走道内部装修材料的燃烧性能不能低于 B_1 级
E. 当避难走道仅与一个防火分区相通且该防火分区至少有 1 个直通室外的安全出口时,可设置 1 个直通地面的出口

5. IT 系统的适用范围包括__________。
A. 只适用于小范围供电系统
B. 适用于供电可靠性很差的场所
C. 适用于供电可靠性要求高的场所
D. 适用于用电环境要求高的场所
E. 适用于用电环境很差的场所

6. 油断路器通常采用的防火措施有__________。
A. 断路器的断流容量必须大于电力系统在其装设处的短路容量
B. 安装前应严格检查,使其符合制造技术条件
C. 经常检修进行操作试验,确保机件灵活好用
D. 防止油箱和充油套管渗油、漏油
E. 切断故障电流之后,应检查触头是否有烧损现象

7. 干式自动喷水灭火系统的组成包括__________。
A. 闭式喷头
B. 干式报警阀组
C. 充气设备
D. 末端试水装置
E. 供水设施

8. 水喷雾灭火系统通过__________作用实现灭火。
A. 表面冷却
B. 窒息
C. 稀释
D. 冲击乳化
E. 覆盖

9. 下列关于消防水泵特性曲线的说法中,正确的有__________。
A. 流量-扬程曲线是一条不规则的曲线,一般的规律是扬程随流量的增大而减小
B. 流量-轴功率曲线反映出离心泵的轴功率随着流量增大而逐渐增加
C. 流量-效率曲线反映出每台水泵都有一个高效段,一般应使水泵在高效段运行
D. 当流量为零时轴功率最大,所以水泵启动一般采用“关闸启动”,以减小电动机的启动电流,待水泵正常运转后再开启闸阀
E. 水泵的流量、扬程、轴功率、效率等性能参数之间存在着一定的关系,通常经过水泵实验获得各参数间的关系曲线称为水泵的性能曲线

10. 气体灭火剂的类型包括__________。
A. 二氧化碳灭火剂
B. 卤代烷灭火剂
C. 七氟丙烷灭火剂
D. 惰性气体灭火剂
E. 气溶胶灭火剂

11. 组织疏散逃生应明确优先顺序,优先安排__________疏散。
A. 受火势威胁最严重的人员
B. 最危险区域内的人员
C. 妇女
D. 儿童
E. 老人

12. 下列关于喷墨打印机的说法,正确的是__________。
A. 成本较低
B. 噪声小
C. 打印速度快
D. 水浸图案会模糊
E. 针头不宜堵住

13. 语言处理程序一般由__________等组成。
A. 汇编程序
B. 编译程序
C. 解释程序
D. 操作程序
E. 诊断程序

14. 下列关于用户账户说法,正确的是__________。
A. 用户账户是计算机使用者的身份凭证
B. Windows 在一台计算机上只能建立 1 个账户
C. 用户账户由一个"用户名"和一个"口令"来标识
D. 建立后的账户可以更改名称
E. 建立后的账户可以被删除

15.《中华人民共和国劳动法》规定,工资分配必须遵循的原则包括__________。
A. 按劳分配的原则
B. 同工同酬的原则
C. 工资水平在经济发展的基础上逐步提高的原则
D. 工资总量宏观调控的原则
E. 用人单位自主决定工资分配方式和工资水平的原则

16.《火灾自动报警系统施工及验收标准》(GB 50166)不适用于__________等生产和贮存场所设置的火灾自动报警系统的施工、检测、验收及维护保养。
A. 火药
B. 炸药
C. 弹药
D. 农药
E. 火工品

17. 消防联动控制器的主要功能包括__________。(监控操作职业方向)
A. 控制功能
B. 故障报警功能
C. 自检功能
D. 信息显示与查询功能
E. 电源功能

18. 下列关于末端试水装置作用的叙述中,正确的是__________。(监控操作职业方向)
A. 检验自动喷水灭火系统的可靠性
B. 测试系统能否在开放一只喷头的最不利条件下可靠报警并正常启动
C. 测试水流指示器、报警阀、压力开关、水力警铃的动作是否正常
D. 测试系统最不利点处的工作压力
E. 检测干式系统和预作用系统的充水时间

19. 防烟系统可分为__________。(监控操作职业方向)
A. 自然防烟系统
B. 机械防烟系统
C. 自然通风系统
D. 机械加压送风系统
E. 机械排烟系统

20. 下列选项中,属于通过集中火灾报警控制器查看报警信息和确定报警部位的操作方法的是__________。(监控操作职业方向)
A. 通过信息显示列表查看
B. 通过"火警监管"查看

C. 通过消防控制室图形显示装置查看　　D. 通过摄像头查看

E. 现场查看

21. 总线控制盘每个操作按钮对应一个控制输出,控制__________的启动。

A. 火灾声光警报器　　B. 消防广播

C. 加压送风口　　D. 加压送风机排烟阀

E. 常开型防火门

22. 下列关于线型光束感烟火灾探测器设置要求的描述,正确的是__________。

A. 相邻两组探测器的水平距离可以设置为 10 m

B. 探测器的发射器和接收器之间的距离可以设置为 110 m

C. 探测器应设置在固定结构上

D. 探测器的设置应保证其接收端避开日光和人工光源的直接照射

E. 选择反射式探测器时,应保证在反射板与探测器间任何部位进行模拟试验时探测器均能正确响应

23. 消防增(稳)压设施按稳压工作形式可分为__________。

A. 胶囊式消防稳压设施　　B. 补气式消防稳压设施

C. 消防无负压(叠压)稳压设施　　D. 立式消防稳压设施

E. 卧式消防稳压设施

24. 排烟风机的控制方式有__________。

A. 现场手动启动

B. 通过火灾自动报警系统自动启动

C. 消防控制室手动启动

D. 系统中任一排烟阀或排烟口开启时,排烟风机自动启动

E. 排烟防火阀在 280 ℃时自行关闭,连锁关闭排烟风机

25. 当出现__________时,防火门监控器应在 100 s 内发出与报警信号有明显区别的声、光故障信号。

A. 监控器与电动闭门器、电磁释放器、门磁开关间连接线断路

B. 监控器与电动闭门器、电磁释放器、门磁开关间连接线短路

C. 电动闭门器、电磁释放器、门磁开关的供电电源故障

D. 备用电源与充电器之间的连接线断路

E. 备用电源与充电器之间的连接线短路

26. 迫降功能启动后,关于电梯状态的描述正确的是__________。

A. 对于普通电梯,电梯组中的一台电梯发生故障,不影响其他电梯向指定层的运行

B. 对于消防电梯,井道和机房照明自动点亮

C. 对于消防电梯,消防电梯脱离同一组群中的所有其他电梯独立运行

D. 到达指定层后,普通电梯“开门待用”

E. 到达指定层后,消防电梯“开门停用”

27. 消防设施维护保养人员应根据维护保养计划,在规定的周期内对湿式、干式自动喷水灭火系统组件的保养项目分别实施保养。保养应结合外观检查和功能测试进行,通常采用__________的方法。

A. 清洁　　B. 紧固

C. 调整　　D. 润滑

E. 更换

28. 下列关于应急照明控制器功能检查的保养方法的描述,正确的是__________。

A. 按下应急照明控制器面板“自检”键

B. 消防应急照明和疏散指示系统发生故障时,应急照明控制器故障指示灯点亮,发出故障声、光信号,按下面板“消音”键,消除报警声

C. 手动操作应急照明控制器的一键启动按钮,应急照明控制器应发出系统手动应急启动信号,控制应急启动输出干接点动作,发出启动声、光信号,显示并记录系统应急启动类型和系统应急启动时间

D. 灯具采用集中电源供电时,应能自动控制集中电源转入蓄电池电源输出

E. 灯具采用自带蓄电池供电时,应能自动控制应急照明配电箱切断电源输出

29. 更换干式报警阀阀瓣密封圈时,按照__________原则,制订维修方案和安全管理措施。(检测维修保养职业方向)

A. 防误动　　B. 减损失

C. 控范围　　D. 节约人力

E. 节约土地

30. 消防水池(水箱)液位显示装置无法显示液位,正确的维修方法有__________。(检测维修保养职业方向)

A. 按要求安装就地液位显示装置　　B. 正确启、闭阀门,冲洗管道

C. 更换浮子等损坏件　　D. 维修或更换损坏件

E. 正确安装止回阀

31. 消防应急灯具的光源故障包括__________。(检测维修保养职业方向)

A. 消防应急照明灯应急时不亮　　B. 消防应急标志灯不亮

C. 持续应急工作时间不符合要求　　D. 照明灯光源不亮

E. 标志灯光源损坏

32. 常开式防火门无法正常关闭,正确的维修方法有__________。(检测维修保养职业方向)

A. 检查电磁释放器控制线路　　B. 润滑锁舌或重新调试锁舌位置

C. 更换闭门器　　D. 更换模块,编写联动公式

E. 按产品说明书重新安装

33. 推车贮压式水基型灭火器的阀门按开启方式可分为__________。(检测维修保养职业方向)

A. 顶杆式阀门　　B. 旋转式阀门

C. 拉杆式　　D. 推拉式

E. 液压式

34. 排烟阀的启动方式为__________。(检测维修保养职业方向)

A. 电动启动　　B. 手动启动

C. 温控启动　　D. 定时启动

E. 定点启动

35. 防烟排烟系统中的风阀动作后无反馈,正确的维修方法有__________。(检测维修保养职业方向)

A. 排查原因,及时更换损坏件,排除异物　　B. 更换微动开关

C. 检修信号线路　　D. 更换输入模块

E. 更换专用探测器

36. 下列关于火灾探测器设置的说法,正确的是__________。(检测维修保养职业方向)

A. 点型火灾探测器距空调送风口最近边的水平距离不应小于1.5 m

B. 点型火灾探测器距多孔送风顶棚孔口的水平距离不应小于0.5 m

C. 点型火灾探测器距墙壁、梁边及遮挡物的距离不应小于0.5 m

D. 点型火灾探测器距多孔送风顶棚孔口的水平距离不应小于0.3 m

E. 点型火灾探测器距空调送风口最近边的水平距离不应小于1.2 m

37. 在使用钳形接地电阻测试仪测试火灾自动报警系统接地电阻值时,下列注意事项中正确的是__________。(检测维修保养职业方向)

A. 在校准过程中,不能张开钳头

B. 当显示屏上出现杂讯符号"NOISE"时,表示回路有干扰电流,此时的电阻测量值不准确

C. 保持钳口接触平面清洁

D. 目前钳形接地电阻测试仪种类较多,应按照制造商提供的方法进行测试

E. 在校准过程中,可以钳住被测体

38. 设有专用测试管路的自动喷水灭火系统(测试工作压力和流量),专用测试管路设置在报警阀组系统侧,由__________组成,其过水能力与系统启动后的过水能力一致。(检测维修保养职业方向)

A. 控制阀

B. 检测供水压力和流量的仪表

C. 稳压阀

D. 排水管道

E. 泄放阀

39. 下列场所应设置消防电话分机的是__________。(检测维修保养职业方向)

A. 消防水泵房

B. 发电机房

C. 配变电室

D. 消防电梯轿厢

E. 卫生间

40. 下列关于检查、测试防火门的操作程序内容中,说法正确的是__________。(检测维修保养职业方向)

A. 对照设计文件及相关产品资料,查看防火门的型号、规格、数量和安装位置,应符合设计要求;目测或使用工具检查防火门的安装情况

B. 使用测力计测试防火门的开启力

C. 触发防火分区内2只独立火灾探测器或1只火灾探测器和1只手动火灾报警按钮,观察常开式防火门关闭情况、防火门监控器有关信息指示变化情况、消防控制室相关控制和信号反馈情况等

D. 用热源烧烤卷帘门测试防火卷帘隔热能力

E. 测试防火卷帘抗撞击能力

三、判断题(60题,每题0.5分,共30分。判断正确的请在括号内打"√",错误的请在括号内打"×")

1. 消防工作的中心任务是"预防为主、防消结合"。 ( )

2. 闪点是评定可燃性液体火灾危险性大小的重要参数,闪点越低,火灾危险性越大,反之,则越小。 ( )

3. 固体、液体、气体物质都能把热以电磁波的形式辐射出去,但不能吸收别的物体辐射出来的热能。 ( )
4. 防火分区的划分不应仅考虑面积大小要求,还应综合考虑建筑的使用性质、火灾危险性及耐火等级、建筑高度、消防扑救能力、建筑投资等因素。 ( )
5. 高层医疗建筑疏散楼梯的最小净宽度为1.2 m。 ( )
6. 下沉式广场等室外开敞空间内应设置不少于2部直通地面的疏散楼梯。 ( )
7. 某卡拉OK厅设置在地下一层,室内装修的顶棚、地面、墙面均应采用A级装修材料,其他部位应采用不低于B_2级的装修材料。 ( )
8. 基尔霍夫电压定律用于确定回路中各段电压间的关系:在任一时刻,流入某一节点的电压之和等于从该节点流出的电压之和。 ( )
9. 电磁式电流互感器的钳形电流表能测量交流电流和直流电流。 ( )
10. 笼式电动机的降压起动减小了起动电流,也相应降低了起动转矩,因此只适用于轻载或空载起动。 ( )
11. 雨淋系统主要由闭式喷头、雨淋阀启动装置、雨淋阀组、管道及供水设施等组成。 ( )
12. 液下喷射系统有固定式、半固定式、移动式三种应用形式。 ( )
13. 消防水泵接合器一般由本体、消防接口、安全阀、水流止回和水流截断装置等组成。 ( )
14. 在同一灭火器配置场所,当选用两种或两种以上类型灭火器时,应采用灭火剂不相容的灭火器。 ( )
15. 蛋白泡沫灭火剂主要用于扑救油类液体火灾。 ( )
16. 碳酸氢钠干粉灭火剂适用于扑灭A类、B类、C类和E类火灾。 ( )
17. 保护范围确定后,除现场保护人员外,禁止任何人进入保护区。 ( )
18. 击打式打印机利用光、电、磁、喷墨等物理和化学的方法把字符或图形印出来。 ( )
19. 刷新频率越低,屏幕上图像闪烁感就越小,稳定性也就越高,对视力的保护也越好。 ( )
20. Windows 7系统中的桌面图标都可以重新命名。 ( )
21. 在Word 2010中设置行距时,如果选择“固定值”,则行距固定,与字号大小无关。 ( )
22. 常说的“Wi-Fi”是无线局域网的一种技术协议。 ( )
23. 用户计算机处理的是数字信号,电话线传输的是模拟信号。 ( )
24. 消防技术服务机构和执业人员应依法获得相应的资质、资格。 ( )
25. 集中火灾报警控制器应能检查设备本身的火灾报警功能,且在自检期间,受其控制的外接设备和输出接点均应动作。(监控操作职业方向) ( )
26. 集中火灾报警控制器所有控制模块处于禁止输出时,输出禁止指示灯为黄色。(监控操作职业方向) ( )
27. 防烟系统是通过采用自然通风方式,防止火灾烟气在楼梯间、前室、避难层(间)等空间内积聚的系统。(监控操作职业方向) ( )
28. 集中火灾报警控制器控制面板显示屏上一般都有各楼层平面示意图,上面标明了各消防设施的名称、类型、所在位置等信息。 ( )
29. 消防联动控制器对消防设备的间接控制是指控制信号通过消防电气控制装置间接作用到连接的消防电动装置,进而实现对受控消防设备的控制。 ( )

30. 线型光束感烟火灾探测器分为激光光束线型感烟火灾探测器和红外光束线型感烟火灾探测器两种类型。 ( )
31. 每个报警区域宜设置2台火灾显示盘。 ( )
32. 稳压泵组的主、备泵应采用交替运行方式。投入消防运行状态后,稳压泵组应停止工作。 ( )
33. 消防电话总机的呼叫灯在总机呼叫分机或电话插孔时点亮,在分机、电话插孔呼叫总机时熄灭。 ( )
34. 自然通风方式的防烟系统是利用火灾产生的热烟气流的浮力和外部风力的作用,通过房间、走道的开口部位把烟气排至室外。 ( )
35. 无机纤维复合防火卷帘具备一定的隔热性。 ( )
36. 防火门监控器使用文字显示信息时,应采用中文或英文。 ( )
37. 检查线型感温、感烟火灾探测器的接线端子时,发现接线端子有松动,接线处有锈蚀现象,应用螺丝刀紧固,接线端烫锡。 ( )
38. 对消防泵组及电气控制柜的电气元器件的清洁应使用不太湿的布进行擦拭,其他组件可使用湿布进行擦拭。 ( )
39. 在对防(排)烟风机进行保养时,如果风机长时间运转,应确保相应区域的送风(排烟)口处于开启状态。 ( )
40. 洒水喷头按热敏感元件分类,可分为易熔元件喷头和玻璃球喷头。(检测维修保养职业方向) ( )
41. 若消防泵组电气控制柜的控制模式未设定在“自动”状态,系统测试时,消防水泵不能自动启动。(检测维修保养职业方向) ( )
42. 发现消防电话分机或插孔“巡检灯”不闪亮,查找原因为电话总线断路,则修复方法为修复电话总线故障至电压正常。(消防设施检测维修保养) ( )
43. 消防应急照明和疏散指示系统中的蓄电池端子接线时,黑色端子应接正极,红色端子应接负极。(检测维修保养职业方向) ( )
44. 防火卷帘未涂覆润滑油,运行时噪声比较大。(检测维修保养职业方向) ( )
45. 室内消火栓系统的给水管网立管最低处应设自动排气阀。(检测维修保养职业方向) ( )
46. 维修灭火器时,包括瓶体在内的任何零部件均可更换。(检测维修保养职业方向) ( )
47. 更换防烟排烟系统组件,检查信号反馈功能时,宜将消防联动控制设置为“自动禁止”、风机控制柜设置为“手动”工作状态,测试完成后恢复。(检测维修保养职业方向) ( )
48. 现场不能手动启停风机,可能是控制柜内电气发生故障或风机电动机发生故障。(检测维修保养职业方向) ( )
49. 在检查手动火灾报警按钮时,标识应清晰,面板无破损,使用过的易损件应用标配易损件进行更换。具有巡检指示功能的手动火灾报警按钮其指示灯应正常闪亮。(检测维修保养职业方向) ( )
50. 在火灾自动报警系统各组件的检测方法中,火灾报警控制器在备用直流电源供电状态下,进行自检及火警优先、二次报警功能检测。(检测维修保养职业方向) ( )
51. 火灾警报器应设置在每个防火分区的楼梯口、消防电梯前室、建筑内部拐角等处的明显部

位,且不宜与安全出口指示标志灯具设置在同一面墙上。(检测维修保养职业方向) ( )

52. 当梁突出顶棚的高度超过 0.6 m 时,被梁隔断的每个梁间区域应至少设置两只探测器。(检测维修保养职业方向) ( )

53. 在对点型感烟火灾探测器进行功能测试完成后,应消除探测器内及周围烟雾,复位火灾报警控制器,通过报警确认灯显示探测器其他工作状态时,被显示状态应与火灾报警状态有明显区别。(检测维修保养职业方向) ( )

54. 消防联动控制器应具有启动消火栓泵的功能。(检测维修保养职业方向) ( )

55. 用钳形接地电阻测试仪测量接地电阻值时不必使用辅助接地棒,也无需中断待测设备的接地,只需用钳头夹住接地体,就能安全、快速地测量出接地电阻值。(检测维修保养职业方向) ( )

56. 水力警铃应设在无人值班的地点,且应安装检修、测试用的阀门。(检测维修保养职业方向) ( )

57. 湿式、干式自动喷水灭火系统联动控制方式不受消防联动控制器处于自动或手动状态影响。(检测维修保养职业方向) ( )

58. 在消防应急广播系统各组件安装质量的检查方法中,每一回路抽查两个扬声器。使任意一个扬声器断路,其他扬声器的工作状态不应受影响。(检测维修保养职业方向) ( )

59. 多信息复合标志灯的标志面应与疏散方向平行,指示疏散方向的箭头应指向安全出口或疏散出口。(检测维修保养职业方向) ( )

60. 消防水泵接合器分为组装式和整体式。(检测维修保养职业方向) ( )

参考答案及详解

一、单项选择题

1. D。【解析】奉献社会是社会主义职业道德的本质特征。

2. D。【解析】爆炸极限是评定可燃气体、液体蒸气或粉尘等物质火灾爆炸危险性大小的主要指标。

3. D。【解析】按火灾中可燃物的类型和燃烧特性分类:E类火灾是指带电火灾,即物体带电燃烧的火灾。

4. B。【解析】高层建筑是指建筑高度大于 27 m 的住宅建筑和其他建筑高度大于 24 m 的非单层建筑。

5. D。【解析】丁、戊类厂房内的油漆工段,当采用封闭喷漆工艺,封闭喷漆空间内保持负压、油漆工段设置可燃气体探测报警系统或自动抑爆系统,且油漆工段占所在防火分区建筑面积的比例不大于20%时,可按火灾危险性较小的部分确定厂房的生产火灾危险性类别。

6. B。【解析】除另有规定外,以木柱承重且墙体采用不燃材料的建筑,其耐火等级应按四级确定。

7. A。【解析】耐火等级为二级的地下或半地下丙类厂房的每个防火分区的最大允许建筑面积为 500 m^2。

8. B。【解析】附设在建筑内的消防控制室、灭火设备室、消防水泵房和通风空气调节机房、变配电室等,应采用耐火极限不低于 2.00 h 的防火隔墙。

9. B。【解析】甲类仓库与厂外道路路边的防火间距不应小于 20 m。

10. B。【解析】儿童活动场所宜设置在独立的建筑内,且不应设置在地下或半地下;当采用一、二级耐火等级的建筑时,不应超过 3 层;采用三级耐火等级的建筑时,不应超过 2 层;采用四级耐火等级的建筑时,应为单层。

11. B。【解析】避难层是指建筑高度超过 100 m 的公共建筑和住宅建筑中发生火灾时供人员临时避难使用的楼层。

12. A。【解析】一类高层建筑及建筑高度大于 32 m 的二类高层建筑，建筑高度大于 33 m 的住宅建筑，建筑高度大于 32 m 且任一层人数超过 10 人的高层厂房，其疏散楼梯均应设置为防烟楼梯间。当建筑地下层数为 3 层及 3 层以上或地下室内地面与室外出入口地坪高差大于 10 m 时，疏散楼梯也应设置为防烟楼梯间。

13. D。【解析】建筑高度不大于 27 m 的住宅建筑，当建筑外墙外保温系统与基层墙体、装饰层之间无空腔时，可采用 B_2 级保温材料，但需每层设置防火隔离带，且建筑外墙上门、窗的耐火完整性不应低于 0.50 h。建筑高度大于 27 m 且不大于 100 m 的住宅建筑，当建筑外墙外保温系统与基层墙体、装饰层之间无空腔时，可采用 B_1 级保温材料，但需每层设置防火隔离带，且建筑外墙上门、窗的耐火完整性不应低于 0.50 h。建筑高度不大于 24 m 的建筑(除了住宅建筑和设置在人员密集场所的建筑)，当建筑外墙外保温系统与基层墙体、装饰层之间无空腔时，可采用 B_2 级保温材料，但需每层设置防火隔离带，且建筑外墙上门、窗的耐火完整性不应低于 0.50 h。建筑高度大于 24 m 且不大于 50 m 的建筑(除了住宅建筑和设置在人员密集场所的建筑)，当建筑外墙外保温系统与基层墙体、装饰层之间无空腔时，可采用 B_1 级保温材料，但需每层设置防火隔离带，且建筑外墙上门、窗的耐火完整性不应低于 0.50 h。

14. A。【解析】电气设备、装置和元件的种类名称用基本文字符号表示，而它们的功能、状态和特征用辅助文字符号表示，辅助文字符号基本上是英文词语的缩写。

15. D。【解析】兆欧表使用前的检查包括外观检查、开路试验和短路试验。

16. C。【解析】长距离缆道每隔 100 m 处等，均应设置防火墙。

17. C。【解析】容量为 500 ~ 2 000 W 的灯具与可燃物之间的安全距离不应小于 0.7 m。

18. A。【解析】火灾探测器可对烟雾、温度、火焰辐射、气体浓度等火灾参数进行响应，并自动产生火灾报警信号。

19. D。【解析】设置防火卷帘或防火幕等简易防火分隔物的上部应采用水幕系统。

20. B。【解析】预制灭火系统是指按一定的应用条件，将灭火剂储存装置和喷放组件等预先设计、组装成套且具有联动控制功能的灭火系统。

21. A。【解析】低倍数泡沫灭火系统是指发泡倍数小于 20 的泡沫灭火系统。

22. B。【解析】按设计情况分，可将干粉灭火系统分为设计型系统和预制型系统。

23. D。【解析】防烟楼梯间属于第一安全区，前室属于第二安全区，走廊属于第三安全区，房间属于第四安全区。

24. C。【解析】逃生缓降器、逃生梯、应急逃生器、逃生绳供人员逃生的开口高度应在 1.5 m 以上，宽度应在 0.5 m 以上，开口下沿距所在楼层地面高度应在 1 m 以上。

25. C。【解析】使用手提式干粉灭火器灭火时，先将灭火器从设置点提至距离燃烧物 2 ~ 5 m 处，然后拔掉保险销，一手握住喷筒，另一手握住开启压把并用力压下鸭嘴，灭火剂喷出，对准火焰根部进行扫射灭火。

26. C。【解析】微型消防站应建立值守制度，确保值守人员 24 h 在岗在位，做好应急准备。

27. D。【解析】火灾现场保护范围确定后，禁止任何人(包括现场保护人员)进入保护区，更不得擅自移动火场中的任何物品，对火灾痕迹和物证，应采取有效措施，妥善保护。

28. C。【解析】计算机系统由硬件系统和软件系统两大部分组成。

29. B。【解析】喷墨打印机一般应用于家庭或照片打印。

30. C。【解析】显存容量的大小决定了显卡处理图像的能力。

31. A。【解析】. txt 表示文本文件。

32. A。【解析】选中文件后，按下【Shift】+【Delete】键，该文件被永久删除。

33. B。【解析】可采用以下三种方法保存文件：单击快速访问工具栏的；同时按【Ctrl】和【S】键；点击菜单栏中的“文件”→“保存”。

34. C。【解析】在 Word 2010 中，表示左对齐，表示居中，表示右对齐，表示两端对齐。

35. A。【解析】在 Excel 2010 中，点击某个单元格，在编辑栏中显示当前单元格的位置(行以数字命名,列以大写字母命名)和内容。

36. B。【解析】在 Excel 2010 中,数据在单元格的对齐方式有两种,分别是水平对齐和垂直对齐。

37. B。【解析】双绞线、同轴电缆传输的都是电信号。

38. A。【解析】ISP 是互联网服务提供商。

39. C。【解析】国务院应急管理部门对全国的消防工作实施监督管理。

40. A。【解析】举办大型群众性活动,承办人应当依法向公安机关申请安全许可。

41. D。【解析】控制器应能直接或间接地接收来自火灾探测器及其他火灾报警触发器件的火灾报警信号,发出火灾报警声、光信号,指示火灾发生部位,记录火灾报警时间。

42. A。【解析】火灾自动报警系统控制器主电故障时,在备电正常状态下,主电工作指示灯(绿色)熄灭,备电工作指示灯(绿色)点亮。

43. D。【解析】水流指示器是将水流信号转换为电信号的一种报警装置,一般安装在自动喷水灭火系统的分区配水管上,其作用是监测和指示开启喷头所在的位置分区,产生动作信号。

44. B。【解析】正常工况下报警阀组各控制阀启闭状态:泄水阀:常闭,报警阀试验时打开;报警管路控制阀:常开;警铃试验阀:常闭,警铃试验时打开;水源侧管路控制阀(信号阀):常开。

45. C。【解析】排烟管道隔热材料应为不燃材料,且与可燃物保持不小于 150 mm 的距离。

46. B。【解析】电气火灾监控设备应能接收来自电气火灾监控探测器的监控报警信号,并在 10 s 内发出声、光报警信号,指示报警部位,显示报警时间。

47. A。【解析】在判断消防设备末端配电装置的工作状态时,开机前先闭合主电源空气开关再闭合备用电源开关,关机前先断开备用电源开关再断开主电源空气开关。

48. A。【解析】当控制器处于监控状态时,直接按下键盘上的手/自动切换键,输入系统操作密码后按确认键,控制器将从手动状态切换为自动状态。当控制器处于火警状态时,确认现场发生火灾后,直接按下键盘上的火警确认键,输入系统操作密码后按确认键,控制器将直接从手动状态切换为自动状态。

49. C。【解析】判别现场消防设备工作状态时,在设备信息位图显示方式下,位图节点状态背景颜色对应屏幕右侧条目栏信息事件,红色代表火警状态,绿色代表启动状态,蓝色代表请求状态,灰色代表屏蔽状态等。

50. B。【解析】总线控制盘操作面板上设有多个手动控制单元,每个单元包括一个操作按钮和两个状态指示灯,每个操作按钮均可通过逻辑编程实现对各类、各分区、各具体设备的控制。

51. A。【解析】多线控制盘的手动锁处于“禁止”状态下时,工作指示灯处于红灯运行状态,不能通过多线控制盘手动直接启动消防泵组、防烟和排烟风机等设备。

52. D。【解析】相邻两组线型光束感烟火灾探测器的水平距离不应大于 14 m。探测器至侧墙水平距离不应大于 7 m,且不应小于 0.5 m。探测器的发射器和接收器之间的距离不宜超过 100 m。

53. A。【解析】火灾显示盘设置工作状态指示灯,以红色指示灯指示火灾报警状态、监管报警状态;黄色指示灯指示故障状态;绿色指示灯指示电源正常工作状态和系统正常运行状态。

54. D。【解析】消防泵组电气控制柜设置有手动、自动转换开关,当开关处于手动位时由控制柜面板启/停按钮手动控制水泵启停。当开关处于自动位时可由多种方式控制水泵启动,包括:(1)消防控制室总线联动启动。(2)消防控制室多线控制盘操作按钮启动。(3)高位消防水箱出水管流量开关启动。(4)报警阀组压力开关启动。(5)消防水泵出水干管压力开关启动等。

55. D。【解析】总机呼叫分机的操作方法:(1)总机摘机,显示“呼叫选择”界面,界面按数字编号显示有消防泵房、发电机房、消防电梯机房、值班机房、配电房、空调机房、排烟机房和其他位置等选项,根据位置信息编程关系按数字键选择所需要呼叫的分机或插孔的位置。(2)选择一个具体的分机,如按下 1 或 2 或 3 进行选择,此时界面显示呼叫该分机或插孔,对应的消防电话分机将振铃,消防电话主机话筒听到回铃音。(3)现场将该分机手柄拿起通话即可。

56. A。【解析】当输出功率大于额定功率 120% 并持续 2 s 后,消防应急广播系统的过载指示灯点亮。

57. B。【解析】机械排烟系统应与火灾自动报警系统联动,由同一防烟分区内的两只独立火灾探测器的报警信号作为排烟口、排烟窗或排烟阀开启的联动触发信号,并由消防联动控制器联动控制排烟口、排烟窗或排烟阀的开启,同时停止该防烟分区的空气调节系统。

58. B。【解析】帘板(面)的功能是在防火卷帘下放后封堵洞口,阻止火灾蔓延和控制烟雾扩散。

59. B。【解析】防火门电动闭门器是能够在收到指令后将处于打开状态的防火门关闭,并将其状态信息反馈至防火门监控器的电动装置。

60. C。【解析】《防火门监控器》(GB 29364)对指示灯颜色作出了统一规定。其中,红色用于指示启动信号、电动闭门器和电磁释放器的动作信号及门磁开关的反馈信号;黄色用于指示故障、自检状态;绿色用于指示电源工作状态和电磁释放器的反馈信号。

61. C。【解析】自带电源集中控制型应急照明和疏散指示系统由自带电源型消防应急灯具、应急照明控制器、应急照明配电箱及相关附件等组成。

62. B。【解析】手动操作应急照明控制器的一键启动按钮,应急照明控制器应在 3 s 内发出系统手动应急启动信号。

63. A。【解析】对湿式、干式自动喷水灭火系统的管道进行保养时,保养方法包括:检查发现管道漆面脱落、管道接头存在渗漏、锈蚀的,应进行刷漆、补漏、除锈处理。检查发现支架、吊架脱焊、管卡松动的,应进行补焊和紧固处理。检查管道各过滤器的使用性能,对滤网进行拆洗,并重新安装到位。

64. D。【解析】消防电话系统中功能检查的项目包括:(1)通话功能。(2)显示功能。(3)总机群呼、录音功能。

65. B。【解析】消防电话系统保养完成后,对消防电话总机进行复位和自检操作,等待 2 min,观察消防电话主机是否处于正常监视状态。

66. C。【解析】干式系统空压机启动频繁的原因包括:(1)干式系统空压机启停压力设定不正确。(2)充气管路连接处松动。(3)报警阀气室相关管路处有渗漏点。(4)系统侧管网有渗漏点。

67. D。【解析】湿式报警阀阀后压力表显示正常,但阀前压力表显示无压力或水压不足的原因包括:(1)压力表损坏或压力表进水管路堵塞。(2)水源侧控制阀被关闭或高位消防水箱、增(稳)压设施出水管路控制阀被误关闭。(3)高位消防水箱无水。

68. C。【解析】末端试水装置测试时,水流指示器不动作的维修方法包括:(1)清除水流指示器管腔内的杂物。(2)将调整螺母与触头调试到位。(3)检查并接实脱落线路。(4)维修或更换复位弹簧。

69. D。【解析】消防水泵接合器过水能力不足的维修措施主要有:(1)更换密封圈、紧固螺栓或更换损坏件。(2)维修或更换止回阀。(3)维修或更换安全阀。(4)完全开启控制阀。(5)关闭放水阀。(6)清除杂物并按施工和验收标准重新安装。

70. B。【解析】消防电话分机、消防电话插孔通话功能测试时,至少要观察 2 min。

71. B。【解析】消防应急照明和疏散指示系统应急启动后,总建筑面积大于100 000 m^2的公共建筑蓄电池电源供电时持续工作时间不应少于 1 h。

72. B。【解析】防火卷帘升降不到位的维修方法包括:重新调整行程开关位置,检查门体。

73. A。【解析】防火门关闭缓慢或过速,双扇门关闭不严的原因包括:(1)闭门器拉力调节不当。(2)双扇门顺序器损坏。(3)门扇变形。

74. D。【解析】火灾时消防水鹤的出流量不宜低于 30 L/s,且供水压力从地面算起不应小于 0.10 MPa。

75. D。【解析】室外消火栓无法打开的原因包括:(1)转动部件粘连或锈死。(2)阀杆断裂。(3)排水阀堵塞,消火栓栓体内存有余水,冬季余水冻结。

76. C。【解析】水基型灭火器灭火剂再充装允许误差为 0% ~ −5%。

77. C。【解析】手提式干粉型灭火器超过出厂期满 5 年应维修。

78. C。【解析】水压试验机的额定工作压力不小于 3 MPa。

79. D。【解析】挡烟垂壁无法手动启动的原因包括:(1)控制器缺电。(2)控制器内电气发生故障。(3)驱动电机发生故障或缺电。

80. D。【解析】在检查火灾显示盘时,火灾显示盘应处于正常工作状态,工作状态指示灯应处于绿色点亮状态,周边不存在影响观察的障碍物。

81. D。【解析】手动火灾报警按钮的检测内容主要是试验报警功能。

82. A。【解析】手动火灾报警按钮在每个防火分区应至少设置一只,应设在明显和便于操作的部位。

83. D。【解析】点型火灾探测器在宽度小于 3 m 的内走道顶棚上宜居中布置,探测器至端墙的距离不应大于探测器安装间距的 1/2。

84. C。【解析】在对点型感烟火灾探测器进行功能测试时,被测的点型感烟火灾探测器应输出火灾报警信号,火灾报警控制器应接收火灾报警信号并发出火灾报警声、光信号,显示发出火灾报警信号探测器的地址注释信息。

85. B。【解析】在测试火灾自动报警系统联动功能时,应确认消防联动控制器处于“自动允许”状态。

86. B。【解析】需要火灾自动报警系统联动控制的消防设备,其联动触发信号应采用两个独立的报警触发装置报警信号的“与”逻辑组合。

87. D。【解析】每个报警阀组的最不利点洒水喷头处应设末端试水装置。

88. C。【解析】在启动湿式自动喷水灭火系统的水力警铃时,警铃声压级应不小于 70 dB。

89. C。【解析】顶板为水平面的轻危险级、中危险级Ⅰ级住宅建筑、宿舍、旅馆建筑客房、医疗建筑病房和办公室,可采用边墙型洒水喷头。

90. D。【解析】湿式、干式自动喷水灭火系统管网的设置和安装要求包括:管道材质、管径、接头、管道连接方式以及采取的防腐、防冻等措施,符合消防技术标准和消防设计文件要求;报警阀后的管道上不应安装其他用途的支管、水龙头。如不同系统合用消防水泵时,应在报警阀前分开设置。

91. A。【解析】测试干式系统末端试水装置的试验功能时,还应测试配水管道充水时间,应不大于 1 min。

92. D。【解析】消防应急广播功能检测内容如下:测试扬声器音量、音质;测试卡座的播音、录音功能;测试功率放大器的扩音功能;测试分配盘的选层广播功能;测试合用广播系统的应急强制切换功能;测试主、备扩音机切换功能;通过报警联动,检查合用广播系统应急强制切换功能、扬声器播音质量及音量、卡座录音功能、分配盘分区及选层广播功能。

93. D。【解析】从一个防火分区内的任何部位到最近一个扬声器的直线距离不大于 25 m。

94. D。【解析】消防员入口层可通过复位紧急迫降按钮,并在 5 s 内再次按下按钮,使消防电梯返回到消防员入口层。

95. A。【解析】多信息复合标志灯应安装在疏散走道、疏散通道的顶部,且标志灯的标志面应与疏散方向垂直,指示疏散方向的箭头应指向安全出口或疏散出口。

96. C。【解析】防火卷帘帘板(面)安装质量要求如下:(1)钢质防火卷帘帘板装配完毕后应平直,不应有孔洞或缝隙。相邻帘板串接后应转动灵活,无脱落。(2)钢质防火卷帘帘板两端挡板或防窜机构应装配牢固,卷帘运行时,相邻帘板窜动量不应大于 2 mm。(3)无机纤维复合防火卷帘帘面应通过固定件与卷轴相连,帘面两端应安装防风钩。

97. A。【解析】设置稳压泵的临时高压消防给水系统应设置防止稳压泵频繁启停的技术措施,当采用气压水罐时,其调节容积应根据稳压泵启泵次数不大于 15 次/h 计算确定。

98. B。【解析】自动喷水灭火系统等自动水灭火系统应根据喷头灭火需求压力确定灭火设施最不利点处的静水压力,但最小不应小于 0.10 MPa。

99. B。【解析】室外消火栓宜沿建筑周围均匀布置,且不宜集中布置在建筑一侧;建筑消防扑救面一侧的室外消火栓数量不宜少于 2 个。

100. B。【解析】室外消火栓的保护半径不应超过 150 m,并宜沿建筑周围均匀布置,且不宜集中布置在建筑一侧。

二、多项选择题

1. ABCDE。【解析】职业道德的特征包括:(1)鲜明的行业性。(2)适用范围上的有限性。(3)表现形式的多样性。(4)一定的强制性。(5)相对稳定性。(6)利益相关性。

2. ABCD。【解析】着火房间内烟气在流动扩散过程中,会出现以下现象:烟羽流、顶棚射流、烟气层沉降和火风压。

3. BCD。【解析】消防水泵房的平面布置要求包括:(1)独立建造的消防水泵房耐火等级不应低于二级。(2)附设在建筑内的消防水泵房不应设置在地下三层及以下,或室内地面与室外出入口地坪高差大于 10 m 的地下楼层。(3)附设在建筑内的消防水泵房,应采用耐火极限不低于 2.00 h 的隔墙和 1.50 h 的不燃性楼板与其他部位隔开,其疏散门应直通室外或安全出口,且开向疏散走道的门应采用甲级防火门。

4. BE。【解析】避难走道的设置应符合下列规定:(1)避难走道防火隔墙的耐火极限不应低于3.00 h,楼板的耐火极限不应低于1.50 h。(2)避难走道直通地面的出口不应少于2个,并应设置在不同方向;当避难走道仅与一个防火分区相通且该防火分区至少有1个直通室外的安全出口时,可设置1个直通地面的出口。任一防火分区通向避难走道的门至该避难走道最近直通地面的出口的距离不应大于60 m。(3)避难走道的净宽度不应小于任一防火分区通向该避难走道的设计疏散总净宽度。(4)避难走道内部装修材料的燃烧性能应为A级。(5)防火分区至避难走道入口处应设置防烟前室,前室的使用面积不应小于6 m^2,开向前室的门应采用甲级防火门,前室开向避难走道的门应采用乙级防火门。(6)避难走道内应设置消火栓、消防应急照明、应急广播和消防专线电话。

5. ACE。【解析】IT系统的适用范围包括:(1)只适用于小范围供电系统。(2)适用于供电可靠性要求高的场所。(3)适用于用电环境很差的场所。

6. ABCDE。【解析】根据大量事故分析,油断路器通常采用的防火措施是:(1)断路器的断流容量必须大于电力系统在其装设处的短路容量。(2)安装前应严格检查,使其符合制造技术条件。(3)经常检修进行操作试验,确保机件灵活好用。定期试验绝缘性能,及时发现和消除缺陷。(4)防止油箱和充油套管渗油、漏油。(5)发现油温过高时应采取措施,取出油样进行化验。如油色变黑、闪点降低、有可燃气体逸出,应换新油。这些现象也同时说明触头有故障,应及时检修。(6)切断故障电流之后,应检查触头是否有烧损现象。

7. ABCDE。【解析】干式自动喷水灭火系统主要由闭式喷头、干式报警阀组、充气设备、末端试水装置、管道及供水设施等组成。

8. ABCDE。【解析】水喷雾灭火系统通过表面冷却、窒息、稀释、冲击乳化和覆盖等作用实现灭火。

9. ABCE。【解析】当流量为零时轴功率最小,所以水泵启动一般采用"关闸启动",以减小电动机的启动电流,待水泵正常运转后再开启闸阀。

10. ABCDE。【解析】气体灭火剂的类型包括二氧化碳灭火剂、卤代烷灭火剂、七氟丙烷灭火剂、六氟丙烷灭火剂、惰性气体灭火剂、气溶胶灭火剂。

11. AB。【解析】组织疏散逃生应明确优先顺序,优先安排受火势威胁最严重或最危险区域内的人员疏散。

12. ABD。【解析】喷墨打印机打印照片效果好,成本较低,噪声小;缺点是打印速度较慢,水浸图案会模糊,针头容易堵住。

13. ABCD。【解析】语言处理程序一般由汇编程序、编译程序、解释程序和相应的操作程序等组成。

14. ACDE。【解析】Windows在一台计算机上可以建立多个账户。

15. ABCDE。【解析】工资分配必须遵循以下原则:按劳分配、同工同酬的原则;工资水平在经济发展的基础上逐步提高的原则;工资总量宏观调控的原则;用人单位自主决定工资分配方式和工资水平的原则。

16. ABCE。【解析】《火灾自动报警系统施工及验收标准》(GB 50166)不适用于火药、炸药、弹药、火工品等生产和贮存场所设置的火灾自动报警系统的施工、检测、验收及维护保养。

17. ABCDE。【解析】消防联动控制器的主要功能包括控制功能、故障报警功能、自检功能、信息显示与查询功能、电源功能等。

18. ABCDE。【解析】末端试水装置的作用是检验自动喷水灭火系统的可靠性,测试系统能否在开放一只喷头的最不利条件下可靠报警并正常启动,测试水流指示器、报警阀、压力开关、水力警铃的动作是否正常,配水管道是否畅通,以及系统最不利点处的工作压力等,也可以检测干式系统和预作用系统的充水时间。

19. CD。【解析】防烟系统可分为自然通风系统和机械加压送风系统。

20. AB。【解析】通过集中火灾报警控制器查看报警信息和确定报警部位的操作方法包括:(1)通过信息显示列表查看。(2)通过"火警监管"查看。

21. ABCDE。【解析】总线控制盘每个操作按钮对应一个控制输出,控制火灾声光警报器、消防广播、加压送风口、加压送风机排烟阀、排烟机、防火卷帘、常开型防火门、非消防电源和电梯等消防设备的启动,可根据需要按下目标操作按钮启动对应的消防设备。

22. ACDE。【解析】线型光束感烟火灾探测器的设置应符合下列规定:(1)探测器的光束轴线至顶棚的垂直距离宜为0.3 ~ 1.0 m,距地高度不宜超过

20 m。(2)相邻两组探测器的水平距离不应大于14 m;探测器至侧墙水平距离不应大于7 m,且不应小于0.5 m;探测器的发射器和接收器之间的距离不宜超过100 m。(3)探测器应设置在固定结构上。(4)探测器的设置应保证其接收端避开日光和人工光源的直接照射。(5)选择反射式探测器时,应保证在反射板与探测器间任何部位进行模拟试验时探测器均能正确响应。

23. ABC。【解析】消防增(稳)压设施按稳压工作形式可分为胶囊式消防稳压设施、补气式消防稳压设施、消防无负压(叠压)稳压设施。

24. ABCDE。【解析】排烟风机可通过以下方式控制:(1)现场手动启动。(2)通过火灾自动报警系统自动启动。(3)消防控制室手动启动。(4)系统中任一排烟阀或排烟口开启时,排烟风机自动启动。(5)排烟防火阀在280 ℃时自行关闭,连锁关闭排烟风机。

25. ABCDE。【解析】有下列故障时,防火门监控器应在100 s内发出与报警信号有明显区别的声、光故障信号,故障声信号应能手动消除,再有故障信号输入时应能再启动,故障光信号应保持至故障排除:(1)监控器的主电源断电。(2)监控器与电动闭门器、电磁释放器、门磁开关间连接线断路、短路。(3)电动闭门器、电磁释放器、门磁开关的供电电源故障。(4)备用电源与充电器之间的连接线断路、短路。(5)备用电源发生故障。

26. ABC。【解析】迫降功能启动后,对于普通电梯,电梯组中的一台电梯发生故障,不影响其他电梯向指定层的运行。对于消防电梯,井道和机房照明自动点亮,消防电梯脱离同一组群中的所有其他电梯独立运行。到达指定层后,普通电梯“开门停用”,消防电梯“开门待用”。

27. ABCD。【解析】消防设施维护保养人员应根据维护保养计划,在规定的周期内对湿式、干式自动喷水灭火系统组件的保养项目分别实施保养。保养应结合外观检查和功能测试进行,通常采用清洁、紧固、调整、润滑的方法。

28. ABC。【解析】灯具采用集中电源供电时,应能手动控制集中电源转入蓄电池电源输出;灯具采用自带蓄电池供电时,应能手动控制应急照明配电箱切断电源输出。

29. ABC。【解析】更换干式报警阀阀瓣密封圈时,按照防误动、减损失、控范围原则制订维修方案和安全管理措施。

30. ABCD。【解析】消防水池(水箱)液位显示装置无法显示液位的维修方法主要有:(1)按要求安装就地液位显示装置。(2)正确启、闭阀门,冲洗管道,更换浮子等损坏件。(3)维修或更换损坏件。

31. ABDE。【解析】光源故障包括消防应急照明灯应急时不亮、消防应急标志灯不亮、照明灯光源不亮、标志灯光源损坏等。

32. ABCDE。【解析】常开式防火门无法正常关闭的维修方法主要有:(1)检查电磁释放器控制线路、切断用电的控制模块,进行维修或报修。(2)润滑锁舌或重新调试锁舌位置。(3)更换闭门器。(4)更换模块,编写联动公式。(5)检修防火门监控器,注意检查与火灾报警控制器的通信。(6)按产品说明书重新安装。

33. AB。【解析】推车贮压式水基型灭火器的阀门按开启方式可分为:顶杆式阀门开启手柄,由顶杆手柄向上提拉或压下开关阀门;旋转式阀门开启手柄,由旋转手柄按旋转指示方向推(或拉)开关阀门。

34. AB。【解析】排烟阀的启动方式为电动启动和手动启动。

35. ABCD。【解析】风阀动作后无反馈的维修方法主要有:(1)排查原因,及时更换损坏件,排除异物。(2)更换微动开关。(3)检修信号线路。(4)更换输入模块。

36. ABC。【解析】点型火灾探测器的设置和安装要求包括:点型火灾探测器距墙壁、梁边及遮挡物的距离不应小于0.5 m,距空调送风口最近边的水平距离不应小于1.5 m,距多孔送风顶棚孔口的水平距离不应小于0.5 m。

37. ABCD。【解析】在使用钳形接地电阻测试仪测试火灾自动报警系统接地电阻值时,应注意下列事项:(1)在校准过程中,不能张开钳头或钳住被测体。(2)当显示屏上出现杂讯符号“NOISE”时,表示回路有干扰电流,此时的电阻测量值不准确。(3)保持钳口接触平面清洁。(4)目前钳形接地电阻测试仪种类较多,应按照制造商提供的方法进行测试。

38. ABD。【解析】专用测试管路设置在报警阀组系统侧,由控制阀、检测供水压力和流量的仪表、排水管道组成,其过水能力与系统启动后的过水能力一致。通过该专用测试管路,可以测量自动喷水灭火系统在报警阀处的工作压力和流量。

39. ABCD。【解析】消防水泵房、发电机房、配变电室、计算机网络机房、主要通风和空调机房、防排烟机房、灭火控制系统操作装置处或控制室、企业消防站、消防值班室、总调度室、消防电梯轿厢、消防电梯机房及其他与消防联动控制有关的且经常有人值班的机房应设置消防电话分机。

40. ABC。【解析】检查、测试防火门的操作程序内容如下:(1)对照设计文件及相关产品资料,查看防火门的型号、规格、数量和安装位置,应符合设计要求;目测或使用工具检查防火门的安装情况。(2)检查并确认消防联动控制系统于“自动允许”“手动允许”状态。(3)使用测力计测试防火门的开启力。(4)触发防火分区内 2 只独立火灾探测器或 1 只火灾探测器和 1 只手动火灾报警按钮,观察常开式防火门关闭情况、防火门监控器有关信息指示变化情况、消防控制室相关控制和信号反馈情况等。(5)复位火灾自动报警系统、防火门监控器和常开式防火门。(6)分别操作消防控制室启动按键、防火门监控器启动或释放按钮、防火门电磁释放器释放按钮,观察常开式防火门的释放和关闭情况。(7)使系统恢复正常运行状态。(8)记录检查测试情况。

三、判断题

1. ×。【解析】消防工作的中心任务是防范火灾发生,一旦发生火灾要做到“灭得了”,最大限度地减少火灾造成的人员伤亡和财产损失,全力保障人民群众安居乐业和经济社会安全发展。
2. √。
3. ×。【解析】固体、液体、气体物质都能把热以电磁波的形式辐射出去,也能吸收别的物体辐射出来的热能。
4. √。
5. ×。【解析】高层医疗建筑疏散楼梯的最小净宽度为 1.3 m。
6. ×。【解析】下沉式广场等室外开敞空间内应设置不少于 1 部直通地面的疏散楼梯。
7. ×。【解析】歌舞娱乐放映游戏场所设置在地下一层时,室内装修的顶棚、地面应采用 A 级装修材料,其他部位应采用不低于 B_1 级的装修材料。
8. ×。【解析】基尔霍夫电压定律用于确定回路中各段电压间的关系:在任一时刻,沿任一闭合回路循环一周,回路中各段电压的代数和恒等于零。
9. ×。【解析】电磁式电流互感器的钳形电流表能测量交流电流,霍尔电流传感器的钳形电流表可以测量交流电流和直流电流。
10. √。
11. ×。【解析】雨淋系统主要由开式喷头、雨淋阀启动装置、雨淋阀组、管道及供水设施等组成。
12. ×。【解析】液上喷射系统有固定式、半固定式、移动式三种应用形式。液下喷射系统通常有固定式和半固定式两种应用形式。
13. √。
14. ×。【解析】在同一灭火器配置场所,当选用两种或两种以上类型灭火器时,应采用灭火剂相容的灭火器。
15. √。
16. ×。【解析】碳酸氢钠干粉灭火剂适用于扑灭 B 类、C 类和 E 类火灾。
17. ×。【解析】保护范围确定后,禁止任何人(包括现场保护人员)进入保护区。
18. ×。【解析】非击打式打印机利用光、电、磁、喷墨等物理和化学的方法把字符或图形印出来。
19. ×。【解析】刷新频率越高,屏幕上图像闪烁感就越小,稳定性也就越高,对视力的保护也越好。
20. ×。【解析】Windows 7 系统中的桌面图标除“回收站”外,都可以重新命名。
21. √。
22. √。
23. √。
24. √。
25. ×。【解析】集中火灾报警控制器应能检查设备本身的火灾报警功能,且在自检期间,受其控制的外接设备和输出接点均不应动作。
26. √。
27. ×。【解析】防烟系统是通过采用自然通风方式,防止火灾烟气在楼梯间、前室、避难层(间)等空间内积聚,或通过采用机械加压送风方式阻止火灾烟气侵入楼梯间、前室、避难层(间)等空间的系统。
28. ×。【解析】火灾自动报警系统的消防控制室图形显示装置中的显示屏上一般都有各楼层平面示意图,上面标明了各消防设施的名称、类型、所在位置等信息。

29. √。

30. √。

31. ×。【解析】每个报警区域宜设置1台火灾显示盘。

32. √。

33. ×。【解析】消防电话总机的呼叫灯在总机呼叫分机或电话插孔时点亮,在分机、电话插孔呼叫总机时点亮。

34. ×。【解析】自然通风方式的防烟系统是通过热压和风压作用产生压差,形成自然通风,以防止火灾烟气在楼梯间、前室、避难层(间)等空间内积聚。

35. ×。【解析】无机纤维复合防火卷帘由于不具备隔热性,实际上已经停用。

36. ×。【解析】防火门监控器使用文字显示信息时,应采用中文。

37. √。

38. ×。【解析】对消防泵组及电气控制柜的电气元器件的清洁应使用吸尘器或软毛刷等工具,其他组件可使用不太湿的布进行擦拭。

39. √。

40. √。

41. √。

42. √。

43. ×。【解析】蓄电池端子接线时,黑色端子应接负极,红色端子应接正极。

44. √。

45. ×。【解析】室内消火栓系统的给水管网立管最高处应设自动排气阀。

46. ×。【解析】除灭火器瓶体不可更换外,其余可更换的零部件应与灭火器原生产企业提供的零部件的特性参数保持一致,并经检验合格后方可使用。

47. √。

48. √。

49. √。

50. ×。【解析】火灾报警控制器在备用直流电源供电状态下,进行断路故障报警及火警优先、二次报警功能检测。

51. ×。【解析】火灾警报器应设置在每个楼层的楼梯口、消防电梯前室、建筑内部拐角等处的明显部位,且不宜与安全出口指示标志灯具设置在同一面墙上。

52. ×。【解析】当梁突出顶棚的高度超过0.6 m时,被梁隔断的每个梁间区域应至少设置一只探测器。

53. √。

54. √。

55. √。

56. ×。【解析】水力警铃应设在有人值班的地点附近或公共通道的外墙上,且应安装检修、测试用的阀门。

57. ×。【解析】湿式、干式自动喷水灭火系统联动控制方式受消防联动控制器处于自动或手动状态影响。

58. ×。【解析】每一回路抽查一个扬声器。使任意一个扬声器断路,其他扬声器的工作状态不应受影响。

59. ×。【解析】多信息复合标志灯的标志面应与疏散方向垂直,指示疏散方向的箭头应指向安全出口或疏散出口。

60. √。

消防设施操作员（中级）

真题精选（三）

一、单项选择题(100 题,每题 0.5 分,共 50 分。每题有 4 个选项,其中只有 1 个是正确的,请将正确答案的代号填写在横线空白处)

1. 下列关于消防行业职业道德作用的描述,错误的是__________。
   A. 规范社会职业秩序和职业行为　　B. 有利于提高职业素质,促进本行业的发展
   C. 有利于促进社会良好道德风尚的形成　　D. 有利于降低火灾的发生
2. 根据固体物质的燃烧特性,__________不属于固体物质的燃烧方式。
   A. 沸溢燃烧　　B. 表面燃烧
   C. 分解燃烧　　D. 蒸发燃烧
3. __________是指物体以电磁波形式传递热能的现象。
   A. 热辐射　　B. 热传导
   C. 热对流　　D. 热传播
4. 超高层建筑是指建筑高度大于__________ m 的建筑。
   A. 24　　B. 27
   C. 54　　D. 100
5. 下列建筑耐火等级可以低于一级的是__________。
   A. 地下或半地下建筑　　B. 一类高层建筑
   C. 建筑高度为 54 m 的住宅建筑　　D. 建筑高度为 54 m 的医疗建筑
6. 耐火等级为一级的多层乙类厂房,每个防火分区的最大允许建筑面积为__________ m^2。
   A. 2 000　　B. 3 000
   C. 4 000　　D. 5 000
7. 锅炉房、柴油发电机房内设置储油间时,应采用耐火极限不低于__________ h 的防火隔墙与储油间分隔。
   A. 1.50　　B. 2.00
   C. 2.50　　D. 3.00
8. 在建筑内部采用挡烟设施分隔而成,能在一定时间内防止火灾烟气向同一防火分区的其余部分蔓延的局部空间,称为__________。
   A. 防烟区　　B. 排烟区
   C. 防火分区　　D. 防烟分区
9. 下列关于燃油或燃气锅炉房、油浸变压器室的平面布置的描述,错误的是__________。
   A. 宜设置在建筑外的专用房间内
   B. 确需贴邻民用建筑布置时,应采用防火隔墙与所贴邻的建筑分隔
   C. 确需贴邻民用建筑布置时,不应贴邻人员密集场所,该专用房间的耐火等级不应低于二级
   D. 确需布置在民用建筑内时,不应布置在人员密集场所的上一层、下一层或贴邻
10. 高层医疗建筑楼梯间的首层疏散门的最小净宽度为__________ m。
   A. 1.1　　B. 1.2
   C. 1.3　　D. 1.4

11. 下列关于疏散楼梯间设置的描述,不正确的是__________。
   A. 楼梯间应能天然采光和自然通风,并宜靠外墙设置
   B. 楼梯间应在标准层或防火分区的两端布置,便于双向疏散
   C. 楼梯间内不应有影响疏散的凸出物或其他障碍物
   D. 建筑内的疏散楼梯间在各层的平面位置应错位设置
12. 防火分区至避难走道入口处应设置防烟前室,前室的使用面积不应小于__________ m^2。
   A. 5　　B. 6
   C. 8　　D. 10
13. 下列建筑外墙外保温材料设计方案中,错误的是__________。
   A. 建筑高度 54 m 的住宅建筑,保温层与基层墙体、装饰层之间无空腔,选用燃烧性能为 B_1 级的外保温材料
   B. 建筑高度 32 m 的办公楼,保温层与基层墙体、装饰层之间无空腔,选用燃烧性能为 B_1 级的外保温材料
   C. 建筑高度 18 m 的展览建筑,保温层与基层墙体、装饰层之间无空腔,选用燃烧性能为 B_1 级的外保温材料
   D. 建筑高度 23 m 的办公建筑,保温层与基层墙体、装饰层之间有空腔,选用燃烧性能为 B_1 级的外保温材料
14. 在电路系统中,10 kV 的电压属于__________。
   A. 低压　　B. 中压
   C. 高压　　D. 超高压
15. 红外测温仪的特点不包括__________。
   A. 测温范围广　　B. 不方便测量物体内部温度
   C. 不受环境影响　　D. 测量速度快、准确度高
16. 下列不属于变压器的防火措施的是__________。
   A. 注意运行、维护工作
   B. 安装前应严格检查,使其符合制造技术条件
   C. 设置完善的变压器保护装置
   D. 设计选型时,要注意选用优质产品,并进行严格的检查试验
17. 工艺控制是从工艺上采取适当的措施,限制和避免静电的产生和积累,下列不属于工艺控制措施的是__________。
   A. 限制摩擦速度或流速　　B. 增强静电消散过程
   C. 消除附加静电　　D. 更换易燃介质
18. 设置__________消防控制室的保护对象应采用控制中心报警系统。
   A. 两个及两个以上　　B. 两个以上
   C. 三个及三个以上　　D. 三个以上
19. 按装配形式的不同,气体灭火系统分为__________。
   A. 管网灭火系统和预制灭火系统
   B. 全淹没气体灭火系统和局部应用气体灭火系统
   C. 单元独立灭火系统和组合分配灭火系统
   D. 自压式、内储压式和外储压式气体灭火系统
20. 用一套灭火剂储存装置保护一个防护区或保护对象的灭火系统称为__________。
   A. 预制灭火系统　　B. 单元独立灭火系统
   C. 组合分配灭火系统　　D. 内储压式气体灭火系统

21. 小型封闭空间场所与设有阻止泡沫流失的固定围墙或其他围挡设施的小场所,宜设置__________。
A. 全淹没式高倍数泡沫灭火系统　　B. 局部应用式高倍数泡沫灭火系统
C. 全淹没式中倍数泡沫灭火系统　　D. 局部应用式中倍数泡沫灭火系统

22. __________是消防给水系统的心脏,其工作状况的好坏直接影响着灭火的成效。
A. 消防水泵　　B. 消防水泵接合器
C. 高位水箱　　D. 稳压设备

23. __________系统在发生火灾时,消防联动控制器联动控制集中电源和应急照明分配电装置的工作状态,进而控制各路消防应急灯具的工作状态。
A. 自带电源集中控制型　　B. 自带电源非集中控制型
C. 集中电源集中控制型　　D. 集中电源非集中控制型

24. 人员密集场所发生火灾,__________应当立即组织、引导在场人员疏散。
A. 该场所的法定代表人　　B. 该场所的消防安全管理人
C. 该场所的消防安全责任人　　D. 该场所的现场工作人员

25. 下列关于初起火灾扑救的说法,错误的是__________。
A. 在扑救电气设备初起火灾时,应遵守“先断电,后灭火”的原则
B. 厨房初起火灾扑救时,不要用水流冲击灭火
C. 密闭房间火灾扑救时,当发现密闭房间的门缝冒烟时,应立即开门灭火救人
D. 易燃液体储罐发生火灾时,应确保固定式水喷淋系统持续正常工作

26. 下列关于室内现场保护的说法,错误的是__________。
A. 在室外门窗下布置专人看守
B. 对现场所有部位予以查封
C. 对现场的室外和院落划出一定的禁入范围
D. 对于私人房间要做好房主的安抚工作,劝其不要急于清理

27. 下列属于输入设备的是__________。
A. 显示器　　B. 打印机
C. 鼠标　　D. 音箱

28. 常见的显示器有液晶显示器和等离子显示器,关于他们的特点说法错误的是__________。
A. 体积小　　B. 功耗少
C. 几乎无电磁辐射　　D. 价格便宜

29. DVD 光盘的存储容量为__________ GB 左右。
A. 1　　B. 2
C. 3　　D. 4

30. __________是管理计算机硬件和软件资源的计算机程序。
A. 数据库管理系统　　B. 各种语言及其处理程序
C. 操作系统　　D. 系统支持和服务程序

31. 粘贴的快捷键命令为__________。
A.【Ctrl】+【A】　　B.【Ctrl】+【C】
C.【Ctrl】+【X】　　D.【Ctrl】+【V】

32. 在 Word 2010 中,快捷键【Ctrl】+【S】的功能是__________。
A. 删除文字　　B. 粘贴文字
C. 保存文件　　D. 复制文字

33. 在 Word 2010 中,将所选文字设置为倾斜的按钮是__________。
A. **B**　　B. *I*
C. U　　D. A

34. 打印 word 文件的快捷键组合是__________。

A.【Ctrl】+【Z】　　B.【Ctrl】+【X】

C.【Ctrl】+【O】　　D.【Ctrl】+【P】

35. 在 Excel 2010 中,新建的 Excel 工作簿包含三个工作表,用户对工作表__________。

A. 可以增加或删除　　B. 不能增加或删除

C. 只能增加　　D. 只能删除

36. __________的覆盖范围在几公里至几十公里。

A. 局域网　　B. 城域网

C. 广域网　　D. 无线网

37. __________广泛应用于训练、救援等场合。

A. 光纤通信系统　　B. 短波通信系统

C. 微波通信系统　　D. 卫星通信系统

38.《中华人民共和国劳动法》规定,劳动者每日工作时间不超过__________小时。

A. 6　　B. 8

C. 10　　D. 12

39.《中华人民共和国消防法》规定,因施工等特殊情况需要使用明火作业的,应当按照规定事先办理__________手续,采取相应的消防安全措施。

A. 备案　　B. 认证

C. 审批　　D. 认定

40. __________应当按照国家规定建立国家综合性消防救援队、专职消防队,并按照国家标准配备消防装备,承担火灾扑救工作。

A. 乡镇级以上地方人民政府　　B. 县级以上地方人民政府

C. 市级以上地方人民政府　　D. 省级以上地方人民政府

41. 消防联动控制器应能按设定的逻辑直接或间接控制其连接的各类受控消防设备,这属于消防联动控制器的__________。(监控操作职业方向)

A. 控制功能　　B. 故障报警功能

C. 自检功能　　D. 信息显示与查询功能

42. 湿式自动喷水灭火系统主要由__________、报警阀组、水流报警装置(水流指示器或压力开关)等组件,以及管道和供水设施等组成。(监控操作职业方向)

A. 开式喷头　　B. 闭式喷头

C. 充气装置　　D. 气压维持装置

43. __________的作用是监测和指示开启喷头所在的位置分区,产生动作信号。(监控操作职业方向)

A. 延迟器　　B. 压力开关

C. 末端试水装置　　D. 水流指示器

44. __________的防烟楼梯间应采用机械加压送风系统。(监控操作职业方向)

A. 建筑高度为 50 m 的办公楼　　B. 建筑高度为 60 m 的厂房

C. 建筑高度为 80 m 的住宅楼　　D. 建筑高度为 27 m 的门诊楼

45. __________是电气火灾监控系统的核心控制单元。(监控操作职业方向)

A. 剩余电流式电气火灾监控探测器　　B. 测温式电气火灾监控探测器

C. 电气火灾监控设备　　D. 故障电弧探测器

46. 电气火灾监控设备应能__________接收来自电气火灾监控探测器测量的剩余电流值和温度值,剩余电流值和温度值应可查询。(监控操作职业方向)

A. 实时　　B. 在5 s内

C. 在10 s内　　D. 在100 s内

47. 当集中火灾报警控制器内部、控制器与其连接的部件间发生故障时,控制器能在__________s内发出与火灾报警信号有明显区别的故障声、光信号,指示系统故障。(监控操作职业方向)

A. 10　　B. 20

C. 60　　D. 100

48. 下列关于集中火灾报警控制器、消防联动控制器自动状态切换为手动状态的操作,说法错误的是__________。

A. 当控制器处于监控状态时,直接按下键盘上的手/自动切换键,输入系统操作密码后按确认键,控制器将从自动状态切换为手动状态

B. 当控制器处于监控状态时,在系统菜单的操作页面下,按上、下键移动光标选中手/自动切换选项,输入系统操作密码后按确认键,控制器将从自动状态切换为手动状态

C. 当控制器处于监控状态时,在系统菜单的操作页面下,直接按下手/自动切换选项对应的快捷数字键,输入系统操作密码后按确认键,控制器将从自动状态切换为手动状态

D. 当控制器处于火警状态时,确认现场发生火灾后,直接按下键盘上的火警确认键,输入系统操作密码后按确认键,控制器将从自动状态切换为手动状态

49. 通过"设备查看"方式判别现场消防设备工作状态时,回路配接设备在列表显示方式下,第一列为__________。

A. 回路-地址以及设备所在的X和Y分区

B. 描述信息和楼层位置等信息

C. 设备类型以及对应的盘号键值

D. 当前状态

50. 有的总线控制盘设有手动锁,用于选择手动工作模式,可设置为__________两种工作状态。

A. 手动允许和自动禁止　　B. 手动允许和自动允许

C. 手动允许和手动禁止　　D. 手动禁止和自动禁止

51. 当多线控制盘功能处于正常状态时,手动控制单元中"故障"指示灯处于__________状态。

A. 熄灭　　B. 黄色常亮

C. 红色常亮　　D. 绿色常亮

52. 设置在顶棚下方的线型感温火灾探测器,至顶棚的距离宜为__________ m。

A. 0.1　　B. 0.3

C. 0.5　　D. 1.0

53. 火灾显示盘上的通信指示灯用于指示火灾显示盘与火灾报警控制器通信是否正常,当火灾报警控制器巡检火灾显示盘时,通信指示灯闪烁__________次。

A. 1　　B. 2

C. 3　　D. 无数

54. 消防泵组电气控制柜在机械应急启动时,应确保消防水泵在报警__________ min内正常工作。

A. 1　　B. 3

C. 5　　D. 7

55. 收到消防电话分机呼叫时,消防电话总机在__________ s 内发出声、光呼叫指示信号,指示该消防电话分机为呼叫状态,声指示信号能手动消除。

A. 3　　B. 5

C. 10　　D. 15

56. 下列关于消防应急广播系统录制疏散指令的描述,错误的是__________。

A. 消防应急广播系统录制疏散指令可采用 SD 卡录制或使用话筒录制

B. 采用 SD 卡录制时,将 SD 卡插入消防应急广播主机 SD 卡槽中,按下“文件导入”按键,设备自动进行文件导入,文件导入完毕后,按下停止键,返回待机界面

C. 使用话筒录制时,拿起挂在主机上的话筒,按下话筒的开关,按下“文件导入”键,话筒录音开始,按下停止键或松开话筒的开关,退出话筒预录音模式

D. 采用 SD 卡录制时,需要在计算机中将要导入的文件复制在 SD 卡根目录下

57. 自动排烟窗通过温控释放装置启动时,释放温度应大于环境温度__________ ℃且小于__________ ℃。

A. 20、50　　B. 20、100

C. 30、100　　D. 30、50

58. 下列关于防火卷帘中手动按钮盒的描述,错误的是__________。

A. 手动按钮盒是控制器配套部件

B. 手动按钮盒安装在卷帘洞口的一侧

C. 手动按钮盒用于控制防火卷帘的上升和下降

D. 手动按钮盒具备停止功能

59. __________是用于监视防火门的开闭状态,并能将其状态信息反馈至防火门监控器的装置。

A. 防火门监控器　　B. 防火门电动闭门器

C. 防火门电磁释放器　　D. 防火门门磁开关

60. 常开式防火门的关闭方法不包括__________。

A. 防火门监控器自动关闭　　B. 常开式防火门现场手动关闭

C. 消防控制室远程手动关闭　　D. 联动自动关闭

61. 任一台应急照明控制器直接控制灯具的总数量不应大于__________只。

A. 1 000　　B. 1 600

C. 2 600　　D. 3 200

62. 紧急迫降后,消防电梯处于__________状态。

A. 开门停用　　B. 开门待用

C. 闭门停用　　D. 闭门待用

63. 对湿式、干式自动喷水灭火系统的报警阀组进行保养时,下列保养方法错误的是__________。

A. 检查阀座的环形槽和小孔,发现积存泥沙和污物时进行清洗

B. 检查阀瓣上的橡胶密封垫,表面应清洁,否则应更换

C. 检查湿式自动喷水灭火系统延迟器的漏水接头,必要时进行清洗,防止异物堵塞,保证其畅通

D. 检查水力警铃铃声是否响亮,清洗报警管路上的过滤器

64. 下列关于消防应急广播系统保养方法的描述,错误的是__________。

A. 用吸尘器、清洁的干软布等清除机壳和扬声器表面及所有接线端子处的灰尘

B. 对所有按键进行按下、弹起操作

C. 在手动状态下测试应急广播功能

D. 启动应急广播,测试声压级,对存在问题的扬声器进行调整或更换

65. 消防应急广播系统保养的操作步骤包括:(1)接通电源。(2)外观检查保养。(3)功能检查。(4)接线检查保养。(5)填写《建筑消防设施维护保养记录表》。(6)保养完成后,对消防应急广播系统进行复位和自检操作。正确的操作步骤顺序为__________。

A. (1)(2)(3)(4)(5)(6)　　B. (1)(2)(4)(3)(5)(6)

C. (1)(2)(3)(4)(6)(5)　　D. (1)(2)(4)(3)(6)(5)

66. 下垂型喷头的性能代号为__________。(检测维修保养职业方向)

A. ZSTZ　　B. ZSTX

C. ZSTBP　　D. ZSTP

67. 自动喷水灭火系统中的喷头有漏水、腐蚀、表面涂覆,玻璃球中有色液体变色或液体减少等现象,正确的维修方法有__________。(检测维修保养职业方向)

A. 对喷头进行检查维修　　B. 更换密封圈

C. 使用专用扳手更换喷头　　D. 检查并紧固喷头连接处

68. 对于自动喷水灭火系统中消防控制室远程不能启停消防水泵的故障现象,维修方法正确的是__________。(检测维修保养职业方向)

A. 将消防泵组电气控制柜设置为"自动"状态

B. 将消防泵组电气控制柜设置为"手动"状态

C. 将多线控制盘锁定为"手动禁止"

D. 将消防总线联动控制设置成"自动"状态

69. 自动喷水灭火系统中干式报警阀误动作的原因不包括__________。(检测维修保养职业方向)

A. 阀瓣密封处渗漏严重　　B. 底水加注过高

C. 供气装置发生故障　　D. 系统侧管网发生不正常漏气

70. 某办公楼建筑高度为 150 m,消防应急照明和疏散指示系统应急启动后,自带电源型灯具在蓄电池电源供电时的持续工作时间不应少于__________ h。(检测维修保养职业方向)

A. 1　　B. 1.5

C. 0.5　　D. 3

71. 光源故障不包括__________。(检测维修保养职业方向)

A. 消防应急照明灯应急时不亮　　B. 消防应急标志灯不亮

C. 应急照明控制器应急电源开机无显示　　D. 标志灯光源损坏

72. 防火卷帘帘面运行时不能下放或下放速度过慢的原因不包括__________。(检测维修保养职业方向)

A. 导轨变形卡住帘面　　B. 电磁铁没接线

C. 导轨上端弧形不够顶住帘面　　D. 帘面上防风钩变形顶住导轨

73. 防火门门扇无法开启的解决方法不包括__________。(检测维修保养职业方向)

A. 重新安装闭门器主体　　B. 维修、更换顺序器

C. 检查并调整连杆上的螺钉　　D. 更换闭门器

74. 绑扎消防水带的操作步骤中,第一步是__________。(检测维修保养职业方向)

A. 将铁丝一头固定,并用力拉直铁丝

B. 分离水带接口部件,分别套装在水带上

C. 将铁丝非固定端折弯 90°并预留 10 ~ 15 cm 长度

D. 连接室内消火栓、水带、水枪进行出水试验,测试绑扎质量

75. 室外消火栓系统中的消火栓打开时无水的原因不包括__________。(检测维修保养职业方向)

A. 消火栓检修井闸阀被误关闭

B. 系统管路分段控制阀被误关闭

C. 供水管道无水

D. 排水阀堵塞,消火栓栓体内存有余水,冬季余水冻结

76. 灭火器维修合格证上的内容不包括__________。(检测维修保养职业方向)

A. 维修编号 B. 总质量

C. 维修机构名称 D. 产品型号

77. 手提贮压式水基型灭火器的组成部分不包括__________。(检测维修保养职业方向)

A. 压力指示器 B. 阀门开启手柄

C. 瓶头阀门 D. 灭火剂及驱动气体

78. 更换防烟排烟系统组件操作程序的第一步是__________。(检测维修保养职业方向)

A. 比对核查新换件规格型号和性能参数,应与待换件匹配或一致

B. 使用扳手旋松旧执行器手柄固定螺栓,卸下手柄

C. 取下执行器外壳,并拉出钢丝绳拉环

D. 拆下执行器与阀体间的固定螺钉,卸下执行器

79. 下列对于防烟排烟系统中传动带跳动或打滑的处理不正确的是__________。(检测维修保养职业方向)

A. 调节电动机位置使传动带张紧或松弛 B. 更换轴承

C. 调整带轮位置,使其在同一直线上 D. 更换传动带

80. 在检查火灾报警控制器时,查看电源故障指示灯状态,控制器电源应处于正常状态:运行指示灯为绿色常亮,故障指示灯为__________。(检测维修保养职业方向)

A. 黄色常亮 B. 黄色常灭

C. 绿色常亮 D. 绿色常灭

81. 当火灾警报器采用壁挂方式安装时,底边距地面高度应大于__________ m。(检测维修保养职业方向)

A. 1.5 B. 1.8

C. 2 D. 2.2

82. 相邻两组线型红外光束感烟火灾探测器光束轴线的水平距离不应大于__________ m。(检测维修保养职业方向)

A. 14 B. 9

C. 8 D. 7

83. 点型火灾探测器在__________内每区域至少应设置一只,保护面积与半径应符合要求。(检测维修保养职业方向)

A. 防护区域 B. 探测区域

C. 防火分区 D. 工作区域

84. 测试火灾自动报警系统组件功能的操作内容不包括__________。(检测维修保养职业方向)

A. 测试火灾探测器功能

B. 测试火灾警报装置

C. 填写《建筑消防设施巡查记录表》

D. 检测完毕后,应将各火灾自动报警系统组件恢复至原状

85. 下列选项中,__________应具有启动消火栓泵的功能。(检测维修保养职业方向)

A. 火灾显示盘 B. 手动火灾报警按钮

C. 火灾报警控制器 D. 消防联动控制器

86. 火灾报警控制器和消防联动控制器安装在墙上时,其主显示屏高度宜为__________ m。(检测维修保养职业方向)

A. 1.2~1.5 B. 1.3~1.8

C. 1.5~1.8 D. 1.5~2.0

87. 每个报警阀组控制的最不利点洒水喷头处应设末端试水装置,其他防火分区、楼层均应设直径为__________ mm 的试水阀。(检测维修保养职业方向)
A. 10　　B. 15
C. 25　　D. 20
88. 自动喷水灭火系统中的报警阀组宜设在安全及易于操作的地点,报警阀距地面的高度宜为__________ m。(检测维修保养职业方向)
A. 0.5　　B. 1.2
C. 1.5　　D. 2.0
89. 吊顶下布置的洒水喷头,应采用__________洒水喷头或吊顶型洒水喷头。(检测维修保养职业方向)
A. 下垂型　　B. 直立型
C. 边墙型　　D. 悬挂型
90. 在自动喷水灭火系统中,水力警铃与报警阀连接的管道,其管径应为 20 mm,总长不宜大于__________ m。
A. 15　　B. 20
C. 25　　D. 30
91. 量程为 0 ~ 1.6 MPa 的压力表,从压力表的刻度面板看,其最小刻度(即每一小格)为__________ MPa。(检测维修保养职业方向)
A. 0.02　　B. 0.05
C. 0.06　　D. 0.10
92. 下列关于消防应急广播的联动控制要求说法,错误的是__________。(检测维修保养职业方向)
A. 集中报警系统和控制中心报警系统应设置消防应急广播
B. 消防应急广播系统的联动控制信号由消防联动控制器发出,当确认火灾后,应同时向全楼进行广播
C. 在消防控制室应能显示消防应急广播的广播分区的工作状态
D. 在消防控制室应能手动或按预设控制逻辑联动控制选择广播分区,启动或停止消防应急广播系统,但不能监听消防应急广播
93. 在消防应急广播系统中,火灾声警报器单次发出火灾警报时间宜为__________ s。(检测维修保养职业方向)
A. 8 ~ 20　　B. 8 ~ 30
C. 10 ~ 20　　D. 10 ~ 30
94. 消防电梯从首层到顶层的运行时间不宜超过__________ s。(检测维修保养职业方向)
A. 30　　B. 45
C. 60　　D. 90
95. 疏散指示标志灯安装高度距地面不大于 1 m 时,凸出墙面或柱面最大水平距离不应超过__________ mm。(检测维修保养职业方向)
A. 10　　B. 20
C. 30　　D. 40
96. 防火卷帘门楣内的防烟装置与卷帘帘板或帘面表面应均匀紧密贴合,其贴合面长度不应小于门楣长度的 80%,非贴合部位的缝隙不应大于__________ mm。(检测维修保养职业方向)
A. 1　　B. 2
C. 3　　D. 4

97. 墙壁式消防水泵接合器与墙面上的门、窗、孔、洞的净距离不应小于__________ m,且不应安装在玻璃幕墙下方。(检测维修保养职业方向)

A. 1　　B. 2

C. 3　　D. 4

98. 下列关于室内消火栓设备的布置要求中,说法错误的是__________。(检测维修保养职业方向)

A. 设置室内消火栓的建筑,包括设备层在内的各层均应设置消火栓

B. 屋顶设有直升机停机坪的建筑,应在停机坪出入口处或非电气设备机房设置消火栓,且距停机坪机位边缘的距离不应小于 5 m

C. 消防电梯前室应设置室内消火栓,并应计入消火栓使用数量

D. 同一楼梯间及其附近不同层设置的消火栓,其平面位置不宜相同

99. 设有高位消防水箱出水管流量开关或消防水泵出水干管压力开关的,消防水泵应能在__________ min 内自动启动。(检测维修保养职业方向)

A. 1　　B. 2

C. 3　　D. 4

100. 下列关于防烟排烟系统常用检测工具的使用方法中,说法错误的是__________。(检测维修保养职业方向)

A. 手持风速仪风扇或将其固定于脚架上,保持风扇外壳标注箭头方向与风口气流方向一致

B. 风速仪屏幕显示的读数趋于稳定时,按下锁定键锁定读数

C. 用胶管连接数字微压计正负接嘴,将正压接嘴用胶管置于机械加压送风部位,负压接嘴置于常压部位

D. 数字微压计不必手按回零开关,可直接使用

二、多项选择题(40 题,每题 0.5 分,共 20 分。每题的多个选项中,至少有 2 个是正确的,请将正确答案的代号填写在横线空白处)

1. 下列物质燃烧或爆炸引发的火灾中,不属于 C 类火灾的有__________。

A. 石蜡　　B. 电视机

C. 天然气　　D. 甲烷

E. 汽油

2. 下列建筑中,属于一类高层公共建筑的有__________。

A. 建筑高度为 23 m 的病房楼

B. 建筑高度为 52 m 的办公楼

C. 建筑高度为 24 m 的商店与财贸金融组合建筑

D. 建筑高度为 16 m 且藏书量为 150 万册的图书馆

E. 建筑高度为 30 m 且楼层建筑面积均为 1 500 m^2 的展览建筑

3. 下列关于会议厅、多功能厅平面布置的描述中,正确的是__________。

A. 宜布置在首层、二层、三层

B. 设置在三级耐火等级的建筑内时,不应布置在三层及以上楼层

C. 布置在一、二级耐火等级建筑的四层时,一个厅、室的疏散门不应少于 1 个

D. 布置在一、二级耐火等级建筑的五层时,一个厅、室的建筑面积为 500 m^2

E. 设置在地下或半地下时,宜设置在地下一层,不应设置在地下二层及以下楼层

4. 下列关于下沉式广场的描述中,错误的是__________。

A. 分隔后的不同区域通向下沉式广场等室外开敞空间的开口最近边缘之间的水平距离不应小于 13 m

B. 室外开敞空间除用于人员疏散外不得用于其他商业或可能导致火灾蔓延的用途
C. 室外开敞空间用于疏散的净面积不应小于 100 m^2
D. 下沉式广场等室外开敞空间内应设置不少于 2 部直通地面的疏散楼梯
E. 确需设置防风雨篷时,防风雨篷不应完全封闭,开口高度不应小于 1.0 m

5. 使用钳形电流表时的注意事项包括__________。
A. 合理选择钳形电流表量程
B. 使用钳形电流表时,尽量远离强磁场
C. 测量时,应使被测导线处在钳口的中央,并使钳口闭合紧密
D. 在不确定量程的情况下,先选择小量程,后选择大量程
E. 当使用最小量程测量时,如果钳形电流表量程较大,可将被测导线绕几匝,匝数要以钳口中央的匝数为准

6. 电气设备的防爆途径包括__________。
A. 采用接地保护电路　　B. 隔离法
C. 采用隔爆外壳　　D. 采用超前切断电源
E. 限制正常工作的温度

7. 预作用自动喷水灭火系统的组成包括__________。
A. 开式喷头　　B. 预作用报警阀组或雨淋阀组
C. 充气设备　　D. 火灾探测报警控制装置
E. 管道

8. 水喷雾灭火系统按应用方式分为__________。
A. 固定式水喷雾灭火系统　　B. 电动启动水喷雾灭火系统
C. 自动喷水—水喷雾混合配置系统　　D. 传动管启动水喷雾灭火系统
E. 泡沫—水喷雾联用系统

9. 室内采用临时高压消防给水系统时,高位消防水箱的设置应符合__________。
A. 高层民用建筑必须设置高位消防水箱
B. 总建筑面积大于 10 000 m^2 且层数超过 2 层的公共建筑可不设置高位消防水箱
C. 总建筑面积为 5 000 m^2 的多层公共建筑,当设置高位消防水箱确有困难,且采用安全可靠的消防给水形式时,可不设高位消防水箱,但应设稳压泵
D. 建筑高度大于 24 m 的办公楼必须设置高位消防水箱
E. 当市政供水管网的供水能力在满足生产、生活最大小时用水量后,仍能满足初期火灾所需的消防流量和压力时,市政直接供水可替代高位消防水箱

10. 七氟丙烷灭火剂适用于扑救__________。
A. 甲类液体火灾　　B. 乙类液体火灾
C. 丙类液体火灾　　D. 可燃气体火灾
E. 电气设备火灾

11. 消防安全重点单位制定的灭火和应急疏散预案内容包括__________。
A. 组织机构　　B. 报警和接警处置程序
C. 应急疏散的组织程序和措施　　D. 扑救初起火灾的程序和措施
E. 通信联络、安全防护救护的程序和措施

12. 显示器用于显示__________。
A. 用户输入的命令　　B. 数据
C. 条码　　D. 计算机执行的结果
E. 提示信息

13. 显卡的主要性能指标有__________。
A. 分辨率
B. 色深
C. 显存容量
D. 刷新频率
E. 处理速度
14. 文件夹的类型包括__________。
A. 文档
B. 图片
C. 视频
D. 音乐
E. 常规
15. 下列关于 Excel 2010 工作表重命名的方法的描述,正确的是__________。
A. 在工作表名称上单击鼠标右键,单击“重命名”
B. 在工作表名称上单击鼠标左键,单击“重命名”
C. 在工作表名称上双击鼠标右键,工作表名称底色变成灰色后,可输入新的名称
D. 在工作表名称上双击鼠标左键,工作表名称底色变成灰色后,可输入新的名称
E. 在工作表名称上按下快捷键【F2】,工作表名称底色变成灰色后,可输入新的名称
16. 数据安全是指数据的__________。
A. 精确性
B. 完整性
C. 保密性
D. 可用性
E. 不可复制性
17. 下列关于消防联动控制器功能的描述,正确的是__________。(监控操作职业方向)
A. 消防联动控制器应能按设定的逻辑直接或间接控制其连接的各类受控消防设备
B. 当发生故障时,消防联动控制器应发出与火灾报警信号有明显区别的故障声、光信号
C. 消防联动控制器应能检查本机的功能,在执行自检功能期间,其受控设备均不应动作
D. 消防联动控制器可以采用数字显示相关信息,但不能采用字母显示相关信息
E. 消防联动控制器的电源部分应具有主电源和备用电源转换装置
18. 下列关于自动喷水灭火系统消防泵组及控制柜的准工作状态下的要求,描述正确的是__________。(监控操作职业方向)
A. 电气控制柜平时应处于手动工作状态
B. 电气控制柜供电正常,仪表、指示灯、开关按钮正常
C. 各项切换功能正常
D. 有关系统名称和编号的标识牢固、清晰、正确
E. 消防水泵启停功能正常,供水能力测试正常
19. 机械加压送风系统中的电气控制柜用于__________。(监控操作职业方向)
A. 系统运行状态指示
B. 运行模式切换
C. 风机现场启(停)控制
D. 接收消防联动控制器控制指令
E. 反馈风机工作状态
20. 当集中火灾报警控制器、消防联动控制器处于手动状态时,关于显示屏和指示灯的特征描述,正确的是__________。
A. 显示屏显示“手动”
B. “手动”指示灯点亮
C. 显示屏显示“自动”
D. “自动”指示灯点亮
E. “火警”指示灯点亮
21. 多线控制盘操作面板上每个手动控制单元包括__________状态指示灯。
A. 启动
B. 反馈
C. 故障
D. 停止
E. 报警

22. 火灾显示盘应设置在出入口等明显和便于操作的部位。当采用壁挂方式安装时,其底边距地高度宜为________ m。

A. 1.1　　B. 1.3
C. 1.4　　D. 1.5
E. 1.6

23. 消防泵组电气控制柜的功能包括________。

A. 启/停泵功能　　B. 主/备泵切换功能
C. 机械应急启动功能　　D. 巡检功能
E. 反馈功能

24. 排烟防火阀的关闭方式有________。

A. 温控自动关闭　　B. 通过火灾自动报警系统自动关闭
C. 消防控制室自动关闭　　D. 电动关闭
E. 手动关闭

25. 下列关于防火门监控器备用电源的描述,正确的是________。

A. 备用电源应采用密封、免维护充电电池
B. 在监控器处于通电工作状态的情况下,电池容量应保证监控器正常可靠工作 2 h
C. 在提供防火门开启以及关闭所需的电源的情况下,电池容量应保证监控器正常可靠工作 3 h
D. 有防止电池过充电、过放电的功能
E. 在不超过生产厂规定的电池极限放电情况下,应能在 24 h 内完成对电池的充电

26. 集中火灾报警控制器、消防联动控制器、消防控制室图形显示装置的保养项目包括________。

A. 外壳外观保养　　B. 底座稳定性保养
C. 接线保养　　D. 指示灯保养
E. 打印机保养

27. 自动喷水灭火系统中的消防泵组的保养要求包括________。

A. 组件齐全,泵体和电动机外壳完好,无破损、锈蚀
B. 叶轮在不影响转动的情况下,可以有轻微卡滞
C. 润滑油充足,泵体、泵轴无渗水、砂眼
D. 电动机绝缘正常,接地良好
E. 消防水泵运转正常,无异常震动或声响

28. 下列关于防烟排烟系统组件中风机的保养要求,描述正确的是________。

A. 传动机构无变形、损伤
B. 电动机供电正常,接地良好
C. 轴承部分润滑油状态无异常
D. 风机启停运行和信号反馈正常,驱动装置的外露部位防护完好
E. 电气原理图清晰,粘贴牢固

29. 干式报警阀误动作的维修方法包括________。(检测维修保养职业方向)

A. 检查阀瓣密封处渗漏原因,及时清理异物,维修或更换损坏件
B. 定期检查和加注底水
C. 排查供气装置故障原因并进行维修处理
D. 排查系统侧管网漏气点并进行维修
E. 进一步排查水源侧压力不足原因并进行维修

30. 消防电话分机、消防电话插孔通话功能测试包括__________。(消防设施检测维修保养)
A. 检查消防电话分机、消防电话插孔与主机之间的呼叫与通话功能
B. 消防电话主机应能显示每部分机或电话插孔的位置
C. 呼叫铃声和通话语音应清晰
D. 进行消防电话主机复位、自检操作
E. 将消防电话分机和消防电话插孔与底座卡扣对准,将其安装到位

31. 系统应急启动后,蓄电池电源供电时持续工作时间满足要求的是__________。(检测维修保养职业方向)
A. 建筑高度大于 100 m 的民用建筑,不应少于 1.5 h
B. 医疗建筑,不应少于 1.0 h
C. 总建筑面积大于 20 000 m^2 的地下、半地下建筑,不应少于 1.0 h
D. 老年人照料设施,不应少于 0.5 h
E. 总建筑面积大于 100 000 m^2 的公共建筑,不应少于 1.0 h

32. 室内消火栓箱主要由__________组成。(检测维修保养职业方向)
A. 箱体　　B. 闭式喷头
C. 室内消火栓　　D. 消防水枪
E. 消防水带

33. 推车贮压式干粉灭火器除__________外,其余均与推车贮压式水基型灭火器相同。(检测维修保养职业方向)
A. 灭火剂　　B. 虹吸管
C. 压力指示器　　D. 喷射控制枪
E. 瓶头阀门

34. 防烟排烟系统中的风机不能自动启动的解决方法包括__________。(检测维修保养职业方向)
A. 将消防联动控制器调整为"自动允许"状态　　B. 将风机控制柜设置为"自动"状态
C. 将多线控制盘解锁为"手动允许"状态　　D. 将风机控制柜设置为"手动"状态
E. 重新编写联动公式

35. 防烟排烟系统中的总线控制盘不能远程手动启动风阀(不包括未设电动开启功能的排烟防火阀)的原因有__________。(检测维修保养职业方向)
A. 消防联动控制为"手动禁止"状态　　B. 控制模块或线路发生故障
C. 总线控制盘键盘板发生故障　　D. 风阀发生故障
E. 联动公式错误

36. 下列关于线型红外光束感烟火灾探测器的安装,说法正确的是__________。(检测维修保养职业方向)
A. 当探测区域的高度不大于 20 m 时,光束轴线至顶棚的垂直距离宜为 0.2 ~ 1.5 m
B. 当探测区域的高度不大于 20 m 时,光束轴线至顶棚的垂直距离宜为 0.3 ~ 1 m
C. 当探测区域的高度大于 20 m 时,光束轴线距探测区域的地(楼)面高度不宜超过 20 m
D. 当探测区域的高度大于 20 m 时,光束轴线距探测区域的地(楼)面高度不宜超过 25 m
E. 当探测区域的高度大于 20 m 时,光束轴线距探测区域的地(楼)面高度不宜超过 30 m

37. 接地电阻是指埋入地下的__________。(检测维修保养职业方向)
A. 正常负电阻　　B. 负载的工作电阻
C. 负载的功耗电阻　　D. 接地体电阻
E. 土壤散流电阻

38. 下列关于自动喷水灭火系统连锁控制的测试方法,说法正确的是__________。(检测维修保养职业方向)

A. 通过开启末端试水装置、报警阀泄水阀或专用测试管路等方式模拟喷头动作

B. 使报警阀在压差作用下开启,压力水流入报警管路

C. 压力开关动作后直接启动消防水泵

D. 可通过开启警铃试验阀,直接驱动压力开关动作并连锁启动消防水泵

E. 通过使用火灾探测器测试装置触发该报警阀所在防护区域内任一火灾探测器或启动任一手动火灾报警按钮产生报警信号

39. 下列关于消防电梯前室设置的说法,正确的是__________。(检测维修保养职业方向)

A. 除设置在仓库连廊、冷库穿堂或谷物筒仓工作塔内的消防电梯外,消防电梯应设置前室

B. 前室宜靠外墙设置,并应在首层直通室外或经过长度不大于 30 m 的通道通向室外

C. 除前室的出入口、前室内设置的正压送风口和相应的户门外,前室内不应开设其他门、窗、洞口

D. 前室或合用前室的门应采用乙级防火门,不应设置卷帘

E. 单独前室的使用面积不小于 10 m^2

40. 下列建筑可采用 1 支消防水枪的 1 股充实水柱到达室内任何部位且消火栓的布置间距不应大于 50 m 的有__________。(检测维修保养职业方向)

A. 建筑高度≤24 m 且体积≤5 000 m^3 的多层仓库

B. 建筑高度≤54 m 且每单元设置一部疏散楼梯的住宅

C. 跃层住宅和商业网点

D. 体积≤1 000 m^3 的展览厅、影院、剧场、礼堂和体育健身场所

E. 体积≤5 000 m^3 的商场、餐厅、旅馆、医院等

三、判断题(60 题,每题 0.5 分,共 30 分。判断正确的请在括号内打“√”,错误的请在括号内打“×”)

1. 消防设施操作员属于准入类职业资格。 (　　)
2. 消防控制室实行 24 小时值班制度。 (　　)
3. 由于物质在瞬间急剧氧化或分解导致温度、压力增加或两者同时增加而形成爆炸,且爆炸前后物质的化学成分和性质均发生了根本的变化的现象,称为化学爆炸。 (　　)
4. 某一空间内,可燃物的表面大部分卷入燃烧的瞬变过程,称为轰燃。 (　　)
5. 防火墙上不应开设门、窗、洞口,确需开设时,应设置不可开启或火灾时能自动关闭的乙级防火门、窗。 (　　)
6. 办公建筑的门洞口宽度不应小于 1.5 m,高度不应小于 2 m。 (　　)
7. 图书室的顶棚、墙面、地面均应采用 A 级装修材料。 (　　)
8. 建筑高度为 28 m 的住宅建筑,采用 B_1 级外保温材料,与基层墙体、装饰层之间无空腔,外墙上门、窗的耐火完整性为 0.25 h。 (　　)
9. 额定电压在 500 V 以下的电动机绝缘电阻最低合格值均为 0.5 MΩ。 (　　)
10. 根据爆炸性环境易燃易爆物质在生产、储存、输送和使用过程中出现的物理和化学现象的不同,分为爆炸性气体环境危险区域和爆炸性粉尘环境危险区域两类。 (　　)
11. 二氧化碳灭火系统有高压系统、中压系统和低压系统三种应用形式。 (　　)

12. 半固定式液上喷射泡沫灭火系统由水源、消防水池或室外消火栓、泡沫消防车、水带、水带接口、泡沫混合液管线和空气泡沫产生器等组成。（　　）
13. 按接合器连接方式,消防水泵接合器可分为地上式、地下式和墙壁式三种。（　　）
14. 有效喷射时间是指自灭火器开启后到喷嘴开始喷射灭火剂的时间。（　　）
15. 水成膜泡沫较蛋白泡沫液稳定。（　　）
16. 任何人发现火灾都应当立即报警。任何单位、个人都应该无偿为报警提供便利,不得阻拦报警。（　　）
17. 有时电器故障引起的火灾,起火点和故障点并不一致,甚至相隔很远,则保护范围应扩大到发生故障的那个场所。（　　）
18. U 盘不属于移动存储设备。（　　）
19. PDF 格式文件广泛应用于电子图书、产品说明、公司文告、网络资料、电子邮件等。（　　）
20. "回收站"中的文件是可以被还原到原始位置的。（　　）
21. Excel 2010 中单元格的高和宽通过设定单元格所在的行高和列宽实现。（　　）
22. 在导向传输介质中,信号在一定空间范围内自由传播。（　　）
23. 用人单位和劳动者经协商一致,即可解除劳动合同。（　　）
24. 消防救援机构、公安派出所的工作人员进行消防监督检查,应当出示证件。（　　）
25. 消防控制室图形显示装置主要由硬件和软件两部分组成。(监控操作职业方向)（　　）
26. 报警阀组是使水能够自动双方向流入喷水系统配水管道同时进行报警的阀组。(监控操作职业方向)（　　）
27. 常开式送风口采用手动或电动开启,常用于前室或合用前室。(监控操作职业方向)（　　）
28. 当集中火灾报警控制器、消防联动控制器处于手动状态接收到火灾报警信息时,会在屏幕上显示火灾发生的位置信息、点亮火警指示灯、发出火警报警音,但不会联动启动声光报警、消防广播及所控制的现场消防设备。（　　）
29. 一台集中火灾报警控制器(联动型)可以设置多个总线控制盘。（　　）
30. 线型光束感烟火灾探测器是指应用光束被烟雾粒子吸收而加强的原理探测火灾的线型感烟探测器。（　　）
31. 火灾显示盘的信息显示应按火灾报警、监管报警、故障的顺序由低至高排列显示等级。（　　）
32. 消防水泵使用的电源应采用消防电源。（　　）
33. 消防电话分机、电话插孔的呼叫灯在呼叫时常亮,在通话时闪亮。（　　）
34. 自然排烟系统是通过热压和风压作用产生压差,形成自然通风,以防止火灾烟气在楼梯间、前室、避难层(间)等空间内积聚。（　　）
35. 水雾式(汽雾式)钢质特级防火卷帘属于单帘面防火卷帘。（　　）
36. 通过消防控制室消防联动控制器可手动控制常开式防火门关闭。（　　）
37. 针对线型感烟、感温火灾探测器的保养,在接入复检时,用减光率为 0.3 dB/m 的减光片遮挡光路,检查线型光束感烟火灾探测器是否发出火灾报警信号。（　　）
38. 在对自动喷水灭火系统中的稳压装置进行保养时,应手动盘车,对泵体盘根填料进行检查或更换。（　　）
39. 针对火灾自动报警系统,总线设备地址更换后,应在火灾报警控制器上对其重新进行注册。(检测维修保养职业方向)（　　）

40. 更换自动喷水灭火系统中的喷头时,可以使用喷头的框架施拧。(检测维修保养职业方向) ( )
41. 止回阀安装方向错误会导致消防水泵接合器过水能力不足。(检测维修保养职业方向) ( )
42. 在消防电话系统、消防应急广播系统组件的更换过程中,消防应急广播模块拆卸、编码后,将消防应急广播模块与底座卡扣对准,平行于底座方向用力按下。(消防设施检测维修保养) ( )
43. 更换防火卷帘手动按钮盒前应关闭防火卷帘控制器电源。(检测维修保养职业方向) ( )
44. 无 DC 24 V 电压或电压过低会导致常开式防火门无法锁定在开启状态。(检测维修保养职业方向) ( )
45. 室外消火栓系统按管网布置形式可分为环状管网消火栓系统和枝状管网消火栓系统。(检测维修保养职业方向) ( )
46. 灭火器瓶体外表面如有腐蚀的凹坑应报废。(检测维修保养职业方向) ( )
47. 如果消防控制室不能远程手动启停风机的原因为多线控制盘未解锁处于“手动禁止”状态,则维修方法为将多线控制盘解锁为“手动允许”状态。(检测维修保养职业方向) ( )
48. 输入电压过高会造成风机运行温度异常。(检测维修保养职业方向) ( )
49. 检查火灾报警控制器时,查看火灾报警控制器声、光、显示器件(发光二极管、数码管、液晶屏等)、指示灯功能应正常,系统显示时钟与北京时间应无误差,打印机可以处于关闭状态。(检测维修保养职业方向) ( )
50. 在检测火灾自动报警控制器时,切断火灾报警控制器的备用直流电源,查看备用直流电源自动投入和主、备电源的状态显示情况。(检测维修保养职业方向) ( )
51. 手动火灾报警按钮宜设置在疏散通道或出入口处。(检测维修保养职业方向) ( )
52. 火灾报警控制器的接地应牢固,并有明显的永久性标识。(检测维修保养职业方向) ( )
53. 手动火灾报警按钮进行功能测试时,按下手动火灾报警按钮的启动零件,应核查火灾报警控制器的显示和手动火灾报警按钮的报警确认灯;测试完成后,复位火灾报警控制器,更换或复位启动零件,核查手动火灾报警按钮的报警确认灯状态。(检测维修保养职业方向) ( )
54. 排烟风机入口处的总管上设置的 280 ℃ 排烟防火阀在开启后应直接联动控制风机停止。(检测维修保养职业方向) ( )
55. 自动喷水灭火系统的试水阀应有相应排水能力的排水设施。(检测维修保养职业方向) ( )
56. 连接报警阀进出口的控制阀应采用截止阀。当不采用截止阀时,控制阀应设锁定阀位的锁具。(检测维修保养职业方向) ( )
57. 在自动喷水灭火系统的连锁控制测试方法中,通过开启警铃试验阀,直接驱动压力开关动作并连锁启动消防水泵。(检测维修保养职业方向) ( )
58. 在通过传声器进行应急广播时,应自动对广播内容进行录音。(检测维修保养职业方向) ( )
59. 应急照明控制器主电源应设置明显的永久性标识,并宜使用电源插头与消防电源连接。(检测维修保养职业方向) ( )
60. 消防水池(水箱)的溢流管、泄水管不得与生产或生活用水的排水系统直接相连,应采用直接排水方式。(检测维修保养职业方向) ( )

参考答案及详解

一、单项选择题

1. D。【解析】消防行业职业道德的作用包括:(1)规范社会职业秩序和职业行为。(2)有利于提高职业素质,促进本行业的发展。(3)有利于促进社会良好道德风尚的形成。

2. A。【解析】根据固体物质的燃烧特性,其主要有以下四种燃烧方式:阴燃、蒸发燃烧、分解燃烧和表面燃烧。沸溢燃烧属于液体物质的燃烧方式。

3. A。【解析】热辐射是指物体以电磁波形式传递热能的现象。

4. D。【解析】建筑高度大于100 m的建筑称为超高层建筑。

5. C。【解析】地下或半地下建筑、一类高层建筑的耐火等级不低于一级,如医疗建筑、重要公共建筑、高度大于54 m的住宅等。

6. C。【解析】耐火等级为一级的多层乙类厂房,每个防火分区的最大允许建筑面积为4 000 m^2。

7. D。【解析】锅炉房、柴油发电机房内设置储油间时,应采用耐火极限不低于3.00 h的防火隔墙与储油间分隔。

8. D。【解析】防烟分区是指在建筑内部采用挡烟设施分隔而成,能在一定时间内防止火灾烟气向同一防火分区的其余部分蔓延的局部空间。

9. B。【解析】燃油或燃气锅炉房、油浸变压器室宜设置在建筑外的专用房间内;确需贴邻民用建筑布置时,应采用防火墙与所贴邻的建筑分隔,且不应贴邻人员密集场所,该专用房间的耐火等级不应低于二级;确需布置在民用建筑内时,不应布置在人员密集场所的上一层、下一层或贴邻。

10. C。【解析】高层医疗建筑楼梯间的首层疏散门、首层疏散外门的最小净宽度为1.3 m。

11. D。【解析】除通向避难层错位的疏散楼梯外,建筑内的疏散楼梯间在各层的平面位置不应改变。

12. B。【解析】防火分区至避难走道入口处应设置防烟前室,前室的使用面积不应小于6 m^2,开向前室的门应采用甲级防火门,前室开向避难走道的门应采用乙级防火门。

13. C。【解析】建筑高度大于27 m且不大于100 m的住宅建筑,当建筑外墙外保温系统与基层墙体、装饰层之间无空腔时,可采用B_1级保温材料,但需每层设置防火隔离带,且建筑外墙上门、窗的耐火完整性不应低于0.50 h,A选项正确。建筑高度不大于24 m的建筑(除了住宅建筑和设置在人员密集场所的建筑),当建筑外墙外保温系统与基层墙体、装饰层之间无空腔时,可采用B_1级保温材料,但需每层设置防火隔离带。展览建筑属于人员密集场所,人员密集场所应采用燃烧性能为A级的保温材料,C选项错误。建筑高度大于24 m且不大于50 m的建筑(除了住宅建筑和设置在人员密集场所的建筑),当建筑外墙外保温系统与基层墙体、装饰层之间无空腔时,可采用B_1级保温材料,但需每层设置防火隔离带,且建筑外墙上门、窗的耐火完整性不应低于0.50 h,B选项正确。建筑高度不大于24 m的建筑(除了住宅建筑和设置在人员密集场所的建筑),当保温层与基层墙体、装饰层之间有空腔时,可采用B_1级保温材料,但需每层设置防火隔离带,D选项正确。

14. B。【解析】电力系统中电压等级可分为低压(1 kV以下)、中压(3 ~ 35 kV)、高压(66 ~ 220 kV)、超高压(330 ~ 750 kV)及特高压(交流1 000 kV以上,直流±800 kV以上)。

15. C。【解析】红外测温仪主要采用非接触测量的方式,具有测温范围广、测量速度快、准确度高等优点,也存在易受环境影响、对于光亮或者抛光的金属表面测温误差大、不方便测量物体内部温度等缺点。

16. B。【解析】变压器防火措施包括:(1)设计选型时,要注意选用优质产品,并进行严格的检查试验。(2)设置完善的变压器保护装置,按照相应的设计规范,对不同容量等级和使用环境的变压器选用熔断器、过电流继电器的保护装置以及气体(瓦斯继电器)保护、信号温度计的保护等,从而使变压器故障时,能及时发现并切除电源。(3)注意运行、维护工作。

17. D。【解析】工艺控制是从工艺上采取适当的措施,限制和避免静电的产生和积累,其措施包括:(1)材料的选用。(2)限制摩擦速度或流速。(3)增强静电消散过程。(4)消除附加静电。

D选项属于环境危险程度的控制措施。

18. A。【解析】设置两个及两个以上消防控制室的保护对象，或已设置两个及两个以上集中报警系统的保护对象，应采用控制中心报警系统。

19. A。【解析】按装配形式的不同，气体灭火系统分为管网灭火系统和预制灭火系统(亦称无管网灭火装置)。

20. B。【解析】单元独立灭火系统是指用一套灭火剂储存装置保护一个防护区或保护对象的灭火系统。

21. C。【解析】全淹没式泡沫灭火系统可用于下列场所：封闭空间场所；设有阻止泡沫流失的固定围墙或其他围挡设施的场所；小型封闭空间场所与设有阻止泡沫流失的固定围墙或其他围挡设施的小场所，宜设置中倍数泡沫灭火系统。

22. A。【解析】消防水泵是消防给水系统的心脏，其工作状况的好坏直接影响着灭火的成效。

23. D。【解析】集中电源非集中控制型系统在发生火灾时，消防联动控制器联动控制集中电源和应急照明分配电装置的工作状态，进而控制各路消防应急灯具的工作状态。

24. D。【解析】人员密集场所发生火灾，该场所的现场工作人员应当立即组织、引导在场人员疏散。

25. C。【解析】当发现密闭房间的门缝冒烟时，切不可贸然开门。应通过手摸门把等方式，初步确认内部情况，再决定是否开门。开门时应注意自身安全，切不可直接正对门口，以防止轰燃伤人。

26. B。【解析】对室内现场的保护，主要是在室外门窗下布置专人看守，或者对重点部位予以查封；对现场的室外和院落也应划出一定的禁入范围。对于私人房间要做好房主的安抚工作，讲清道理，劝其不要急于清理。

27. C。【解析】最常用的输入设备是键盘和鼠标，另外还有光笔、麦克风、摄像头、图像扫描仪等。

28. D。【解析】常见的显示器有液晶显示器和等离子显示器。这两种显示器都是平板式的，它们体积小，功耗少，几乎无电磁辐射。

29. D。【解析】CD光盘的存储容量一般为650 MB左右，DVD光盘的存储容量为4 GB左右。

30. C。【解析】操作系统是管理计算机硬件和软件资源的计算机程序，同时也是计算机系统的内核与基石。

31. D。【解析】粘贴的快捷键命令为【Ctrl】+【V】。

32. C。【解析】在word 2010中，可采用以下三种方法保存文件：单击快速访问工具栏的 ；同时按【Ctrl】和【S】键；点击菜单栏中的“文件”→“保存”。

33. B。【解析】在Word 2010中，**B**:将所选文字加粗，*I*:将所选文字设置为倾斜，U:为所选文字加下划线，A:更改字体颜色。

34. D。【解析】打印word文件的快捷键组合是【Ctrl】+【P】。

35. A。【解析】在Excel 2010中，新建的Excel工作簿包含三个工作表，用户对工作表可以增加、移动、复制、删除、重命名。

36. B。【解析】城域网覆盖一座城市或者一个地区，覆盖范围在几公里至几十公里，满足一个城市或地区范围内的设备联网需求。

37. B。【解析】短波通信系统组网快捷，传输距离远，不用支付话费，运行成本低，广泛应用于训练、救援等场合。

38. B。【解析】《中华人民共和国劳动法》规定，劳动者每日工作时间不超过8小时，平均每周工作时间不超过44小时。

39. C。【解析】因施工等特殊情况需要使用明火作业的，应当按照规定事先办理审批手续，采取相应的消防安全措施。

40. B。【解析】县级以上地方人民政府应当按照国家规定建立国家综合性消防救援队、专职消防队，并按照国家标准配备消防装备，承担火灾扑救工作。

41. A。【解析】消防联动控制器的控制功能：消防联动控制器应能按设定的逻辑直接或间接控制其连接的各类受控消防设备。

42. B。【解析】湿式、干式自动喷水灭火系统主要由闭式喷头、报警阀组、水流报警装置(水流指示器或压力开关)等组件，以及管道和供水设施等组成。

43. D。【解析】水流指示器是将水流信号转换为电信号的一种报警装置，一般安装在自动喷水灭火系统的分区配水管上，其作用是监测和指示开启喷头所在的位置分区，产生动作信号。

44. B。【解析】建筑高度大于50 m的公共建筑、工业建筑和建筑高度大于100 m的住宅建筑，其防烟楼梯间、独立前室、共用前室、合用前室及消防电梯前室应采用机械加压送风系统。

45. C。【解析】电气火灾监控设备是电气火灾监控系统的核心控制单元，能为连接的电气火灾监控探测器供电。

46. A。【解析】电气火灾监控设备应能实时接收来自电气火灾监控探测器测量的剩余电流值和温度值，剩余电流值和温度值应可查询。

47. D。【解析】当集中火灾报警控制器内部、控制器与其连接的部件间发生故障时,控制器能在 100 s 内发出与火灾报警信号有明显区别的故障声、光信号,指示系统故障。

48. D。【解析】当控制器处于火警状态时,确认现场发生火灾后,不允许将控制器从自动状态切换为手动状态。

49. A。【解析】判别现场消防设备工作状态时,回路配接设备在列表显示方式下,第一列为回路-地址以及设备所在的 X 和 Y 分区,第二列为描述信息和楼层位置等信息,第三列为设备类型以及对应的盘号键值,第四列为当前状态。

50. C。【解析】有的总线控制盘设有手动锁,用于选择手动工作模式,可设置为手动允许和手动禁止两种工作状态。

51. A。【解析】如果"故障"指示灯处于熄灭状态,表示多线控制盘功能处于正常状态;如果"故障"指示灯处于黄色常亮状态,表示多线控制盘功能处于异常状态。

52. A。【解析】设置在顶棚下方的线型感温火灾探测器,至顶棚的距离宜为 0.1 m。

53. A。【解析】火灾显示盘上的通信指示灯用于指示火灾显示盘与火灾报警控制器通信是否正常,当火灾报警控制器巡检火灾显示盘时,通信指示灯闪烁一次。

54. C。【解析】消防泵组电气控制柜在机械应急启动时,应确保消防水泵在报警 5 min 内正常工作。

55. A。【解析】收到消防电话分机呼叫时,消防电话总机在 3 s 内发出声、光呼叫指示信号,指示该消防电话分机为呼叫状态,声指示信号能手动消除。

56. B。【解析】使用 SD 卡录制疏散指令的操作:(1)在计算机中将要导入的文件复制在 SD 卡根目录下。(2)将 SD 卡插入消防应急广播主机 SD 卡槽中,按下"文件导入"按键,设备自动进行文件导入,进度条显示文件导入进度。(3)进度条读满返回待机界面,文件导入完毕。

57. C。【解析】自动排烟窗通过温控释放装置启动时,释放温度应大于环境温度 30 ℃且小于 100 ℃。

58. B。【解析】手动按钮盒是控制器配套部件,安装在卷帘洞口的两侧,用于控制防火卷帘的上升和下降,同时具备停止功能。

59. D。【解析】防火门门磁开关是用于监视防火门的开闭状态,并能将其状态信息反馈至防火门监控器的装置。

60. A。【解析】常开式防火门的关闭方法包括:(1)防火门监控器手动关闭。(2)常开式防火门现场手动关闭。(3)消防控制室远程手动关闭。(4)联动自动关闭。

61. D。【解析】任一台应急照明控制器直接控制灯具的总数量不应大于 3 200 只。

62. B。【解析】对于消防电梯,为方便火灾时消防人员接近和快速使用,其迫降要求是使电梯返回到指定层(一般为首层)并保持"开门待用"的状态。

63. B。【解析】对湿式、干式自动喷水灭火系统的报警阀组进行保养时,保养方法包括:(1)检查报警阀组的标识是否完好、清晰,报警阀组组件是否齐全,表面有无裂纹、损伤等现象。检查各阀门启闭状态、启闭标识、锁具设置和信号阀信号反馈情况是否正常,报警阀组设置场所的排水设施有无排水不畅或积水等情况。(2)检查阀瓣上的橡胶密封垫,表面应清洁无损伤,否则应清洗或更换。检查阀座的环形槽和小孔,发现积存泥沙和污物时进行清洗。阀座密封面应平整,无碰伤和压痕,否则应修理或更换。(3)检查湿式自动喷水灭火系统延迟器的漏水接头,必要时进行清洗,防止异物堵塞,保证其畅通。(4)检查水力警铃铃声是否响亮,清洗报警管路上的过滤器。拆下铃壳,彻底清除脏物和泥沙并重新安装。拆下水轮上的漏水接头,清洁其中集聚的污物。

64. C。【解析】在手动状态和自动状态下测试应急广播功能。

65. D。【解析】消防应急广播系统保养的操作步骤顺序为:(1)接通电源。(2)外观检查保养。(3)接线检查保养。(4)功能检查。(5)保养完成后,对消防应急广播系统进行复位和自检操作。(6)填写《建筑消防设施维护保养记录表》。

66. B。【解析】下垂型喷头的性能代号为 ZSTX。

67. C。【解析】喷头有漏水、腐蚀、表面涂覆,玻璃球中有色液体变色或液体减少等现象的维修方法为:使用专用扳手更换喷头。

68. A。【解析】消防控制室远程不能启停消防水泵的维修方法包括:(1)对线路进行检查维修。(2)对多线控制盘进行检查维修。(3)对线路进行检查,对损坏模块进行更换。(4)将多线控制盘解锁为"手动允许",将消防泵组电气控制柜设置为"自动"状态。

69. B。【解析】干式报警阀误动作的原因包括:(1)阀瓣密封处渗漏严重,失去底水后漏气,系统侧气压下降,发生误动作。(2)未定期检查和加注底水,底水长时间渗漏后漏气,系统气压下降而使阀瓣误动作。(3)供气装置发生故障,造成系统侧气压低于其最小供气压力,使干式报警阀误动作。(4)系统侧管网发生不正常漏气,造成系统侧气压低于其最小供气压力,使干式报警阀误动作。

70. B。【解析】建筑高度大于100 m的民用建筑,在消防应急照明和疏散指示系统应急启动后,自带电源型灯具在蓄电池电源供电时的持续工作时间不应少于1.5 h。

71. C。【解析】光源故障包括消防应急照明灯应急时不亮、消防应急标志灯不亮、照明灯光源不亮、标志灯光源损坏等。

72. B。【解析】防火卷帘帘面运行时不能下放或下放速度过慢的原因包括:(1)导轨变形卡住帘面。(2)导轨上端弧形不够顶住帘面。(3)帘面上防风钩变形顶住导轨。

73. B。【解析】防火门门扇无法开启的维修方法有:(1)重新安装闭门器主体:拉面安装调速阀应朝向铰链,推面安装则相反。(2)更换闭门器。(3)检查并调整连杆上的螺钉。

74. A。【解析】绑扎消防水带的操作步骤中,第一步是将铁丝一头固定,并用力拉直铁丝。

75. D。【解析】消火栓打开时无水的原因包括:(1)消火栓检修井闸阀被误关闭。(2)系统管路分段控制阀被误关闭。(3)供水管道无水。

76. D。【解析】灭火器维修合格证上的内容包括:维修编号、总质量、维修日期、维修负责人、维修负责人电话、维修机构地址和维修机构名称等。

77. B。【解析】手提贮压式水基型灭火器主要由瓶体、瓶头阀门、阀门提把、阀门压把、压力指示器、保险装置、封记、虹吸管与过滤网、喷嘴、铭牌标志、灭火剂及驱动气体等零部件组成。

78. A。【解析】更换防烟排烟系统组件操作程序的第一步是比对核查新换件规格型号和性能参数,应与待换件匹配或一致。

79. B。【解析】传动带跳动或打滑的维修方法有:(1)调节电动机位置使传动带张紧或松弛。(2)传动带全部更换。(3)调整带轮位置,使其在同一直线上。(4)更换传动带。

80. B。【解析】在检查火灾报警控制器时,查看电源故障指示灯状态,控制器电源应处于正常状态:运行指示灯为绿色常亮,故障指示灯为黄色常灭。

81. D。【解析】当火灾警报器采用壁挂方式安装时,底边距地面高度应大于2.2 m。

82. A。【解析】相邻两组线型红外光束感烟火灾探测器光束轴线的水平距离不应大于14 m。

83. B。【解析】点型火灾探测器在探测区域内每区域至少应设置一只,保护面积与半径应符合要求。

84. C。【解析】测试火灾自动报警系统组件功能的操作内容包括:(1)测试火灾探测器功能。(2)测试手动火灾报警按钮。(3)测试火灾警报装置。(4)检测完毕后,应将各火灾自动报警系统组件恢复至原状。(5)填写《建筑消防设施检测记录表》。

85. D。【解析】消防联动控制器应具有启动消火栓泵的功能。

86. C。【解析】火灾报警控制器和消防联动控制器安装在墙上时,其主显示屏高度宜为1.5~1.8 m,其靠近门轴的侧面距墙不应小于0.5 m,正面操作距离不应小于1.2 m。

87. C。【解析】每个报警阀组控制的最不利点洒水喷头处应设末端试水装置,其他防火分区、楼层均应设直径为25 mm的试水阀。

88. B。【解析】报警阀组宜设在安全及易于操作的地点,报警阀距地面的高度宜为1.2 m。

89. A。【解析】吊顶下布置的洒水喷头,应采用下垂型洒水喷头或吊顶型洒水喷头。

90. B。【解析】水力警铃的工作压力不应小于0.05 MPa,并应符合下列规定:(1)应设在有人值班的地点附近或公共通道的外墙上,且应安装检修、测试用的阀门。(2)与报警阀连接的管道,其管径应为20 mm,总长不宜大于20 m。(3)安装后的水力警铃启动时,警铃声压级应不小于70 dB。

91. B。【解析】量程为0~1.6 MPa的压力表,从压力表的刻度面板看,其最小刻度(即每一小格)为0.05 MPa,最小刻度间只能通过目测估算。

92. D。【解析】在消防控制室应能手动或按预设控制逻辑联动控制选择广播分区,启动或停止消防应急广播系统,并应能监听消防应急广播。在通过传声器进行应急广播时,应自动对广播内容进行录音。

93. A。【解析】火灾声警报器单次发出火灾警报时间宜为8~20 s。

94. C。【解析】消防电梯应能每层停靠,电梯从首层到顶层的运行时间不宜超过60 s。

95. B。【解析】疏散指示标志灯安装高度距地面不大于1 m时,凸出墙面或柱面最大水平距离不应超过20 mm。

96. B。【解析】防火卷帘门楣内的防烟装置与卷帘帘板或帘面表面应均匀紧密贴合,其贴合面长度不应小于门楣长度的80%,非贴合部位的缝隙不应大于2 mm。

97. B。【解析】墙壁式消防水泵接合器与墙面上的门、窗、孔、洞的净距离不应小于2 m,且不应安装在玻璃幕墙下方。

98. D。【解析】同一楼梯间及其附近不同层设置的消火栓,其平面位置宜相同。

99. B。【解析】设有高位消防水箱出水管流量开关或消防水泵出水干管压力开关的,消防水泵应能在2 min内自动启动。

100. D。【解析】在使用数字微压计前,应手按回零开关,使显示屏显示数字为零(传感器两端导压)。

二、多项选择题

1. ABE。【解析】C类火灾是指气体火灾。例如,煤气、天然气、甲烷、乙烷、氢气、乙炔等气体燃烧或爆炸发生的火灾。

2. BE。【解析】对于公共建筑,以24 m作为区分多层和高层公共建筑的标准。由于A选项和D选项中的建筑高度均没超过24 m,故A、D选项错误。建筑高度大于50 m的公共建筑属于一类高层公共建筑,B选项正确。建筑高度24 m以上部分任一楼层建筑面积大于1 000 m^2 的商店、展览、电信、邮政、财贸金融建筑和其他多功能组合的建筑为一类高层公共建筑,C选项错误,E选项正确。

3. AB。【解析】会议厅、多功能厅宜布置在首层、二层或三层。设置在三级耐火等级的建筑内时,不应布置在三层及以上楼层。确需布置在一、二级耐火等级建筑的其他楼层时,应符合下列规定:(1)一个厅、室的疏散门不应少于2个,且建筑面积不宜大于400 m^2。(2)设置在地下或半地下时,宜设置在地下一层,不应设置在地下三层及以下楼层。

4. CD。【解析】下沉式广场是指用于防火分隔的室外开敞空间,其设置应符合下列规定:(1)分隔后的不同区域通向下沉式广场等室外开敞空间的开口最近边缘之间的水平距离不应小于13 m。室外开敞空间除用于人员疏散外不得用于其他商业或可能导致火灾蔓延的用途,其中用于疏散的净面积不应小于169 m^2。(2)下沉式广场等室外开敞空间内应设置不少于1部直通地面的疏散楼梯。当连接下沉广场的防火分区需利用下沉广场进行疏散时,疏散楼梯的总净宽度不应小于任一防火分区通向室外开敞空间的设计疏散总净宽度。(3)确需设置防风雨篷时,防风雨篷不应完全封闭,四周开口部位应均匀布置,开口的面积不应小于该空间地面面积的25%,开口高度不应小于1.0 m;开口设置百叶时,百叶的有效排烟面积可按百叶通风口面积的60%计算。

5. ABCE。【解析】使用钳形电流表时的注意事项包括:(1)合理选择钳形电流表量程。在不确定量程的情况下,先选择大量程,后选择小量程,或看铭牌值进行估算。(2)当使用最小量程测量时,如果钳形电流表量程较大,可将被测导线绕几匝,匝数要以钳口中央的匝数为准,则实际量值=读数/匝数。(3)使用钳形电流表时,尽量远离强磁场。(4)测量时,应使被测导线处在钳口的中央,并使钳口闭合紧密。

6. BCDE。【解析】为了消除和控制电气设备产生的火花、电弧和高温危险因素,一般通过以下途径达到电气防爆的目的:(1)采用隔爆外壳。(2)采用本质安全电路。(3)采用超前切断电源。(4)隔离法。(5)限制正常工作的温度。

7. BCDE。【解析】预作用自动喷水灭火系统主要由闭式喷头、预作用报警阀组或雨淋阀组、充气设备、管道、供水设施和火灾探测报警控制装置等组成。

8. ACE。【解析】按应用方式分,水喷雾灭火系统可分为固定式水喷雾灭火系统、自动喷水—水喷雾混合配置系统和泡沫—水喷雾联用系统。

9. ACE。【解析】室内采用临时高压消防给水系统时,高位消防水箱的设置应符合下列规定:(1)高层民用建筑、总建筑面积大于10 000 m^2且层数超过2层的公共建筑和其他重要建筑,必须设置高位消防水箱。(2)其他建筑应设置高位消防水箱,但当设置高位消防水箱确有困难,且采用安全可靠的消防给水形式时,可不设高位消防水箱,但应设稳压泵。(3)当市政供水管网的供水能力在满足生产、生活最大小时用水量后,仍能满足初期火灾所需的消防流量和压力时,市政直接供水可替代高位消防水箱。

10. ABCDE。【解析】七氟丙烷灭火剂适用于扑救甲、乙、丙类液体火灾,可燃气体火灾,电气设备火灾,可燃固体物质的表面火灾。

11. ABCDE。【解析】消防安全重点单位制定的灭火和应急疏散预案应当包括下列内容:(1)组织机构,包括灭火行动组、通信联络组、疏散引导组、安全防护救护组等。(2)报警和接警处置程序。(3)应急疏散的组织程序和措施。(4)扑救初起火灾的程序和措施。(5)通信联络、安全防护救护的程序和措施。

12. ABDE。【解析】显示器通过数据线接在计算机主机显示卡的数据输出口上,用于显示用户输入的各种命令、数据、计算机执行的结果以及各种提示信息等。

13. ABCD。【解析】显卡的主要性能指标有分辨率、色深、显存容量、刷新频率等。

14. ABCDE。【解析】文件夹可分为文档、图片、视频、音乐、常规五种类型。

15. AD。【解析】在工作表名称上单击鼠标右键,单击“重命名”,或双击鼠标左键,工作表名称底色变成灰色后,可输入新的名称。

16. BCD。【解析】数据安全是指数据的完整性、保密性和可用性。

17. ABCE。【解析】消防联动控制器可以采用数字和/或字母(符)显示相关信息。

18. BCDE。【解析】自动喷水灭火系统消防泵组及控制柜的准工作状态下的要求包括:电气控制柜平时应处于自动工作状态,供电正常,仪表、指示灯、开关按钮正常;各项切换功能正常;有关系统名称和编号的标识牢固、清晰、正确;消防水泵启停功能正常,供水能力测试正常。

19. ABCDE。【解析】机械加压送风系统中的电气控制柜用于系统运行状态指示、运行模式切换、风机现场启(停)控制、接收消防联动控制器控制指令和反馈风机工作状态等。

20. AB。【解析】集中火灾报警控制器、消防联动控制器处于手动状态时:(1)显示屏状态:显示“手动”。(2)指示灯状态:“手动”指示灯点亮。

21. ABC。【解析】多线控制盘操作面板上设有多个手动控制单元,每个单元包括一个操作按钮和启动、反馈、故障三个状态指示灯,每个操作按钮均可控制具体设备的动作。

22. BCD。【解析】火灾显示盘应设置在出入口等明显和便于操作的部位。当采用壁挂方式安装时,其底边距地高度宜为1.3~1.5 m。

23. ABCDE。【解析】消防泵组电气控制柜的功能包括启/停泵功能、主/备泵切换功能、手/自动转换功能、双电源切换功能、巡检功能、保护功能、反馈功能、机械应急启动功能。

24. ADE。【解析】排烟防火阀可通过以下方式关闭:(1)温控自动关闭。(2)电动关闭。(3)手动关闭。

25. ACDE。【解析】监控器应配有备用电源,并符合下述要求:(1)备用电源应采用密封、免维护充电电池。(2)电池容量应保证监控器在下述情况下正常可靠工作3 h:①监控器处于通电工作状态。②提供防火门开启以及关闭所需的电源。(3)有防止电池过充电、过放电的功能;在不超过生产厂规定的电池极限放电情况下,应能在24 h内完成对电池的充电。

26. ADE。【解析】集中火灾报警控制器、消防联动控制器、消防控制室图形显示装置的保养项目包括:(1)外壳外观保养。(2)指示灯保养。(3)显示屏保养。(4)开关按键、键盘、鼠标保养。(5)打印机保养。

27. ACDE。【解析】消防泵组的保养要求包括:(1)组件齐全,泵体和电动机外壳完好,无破损、锈蚀。(2)设备铭牌标志清晰。(3)叶轮转动灵活,无卡滞。(4)润滑油充足,泵体、泵轴无渗水、砂眼。(5)电动机绝缘正常,接地良好,紧固螺栓无松动,电缆无老化、破损和连接松动。(6)消防水泵运转正常,无异常震动或声响。

28. ABCD。【解析】防烟排烟系统组件中风机的保养要求包括:(1)铭牌清晰。(2)传动机构无变形、损伤。(3)电动机供电正常,接地良好。(4)轴承部分润滑油状态无异常。(5)传动带无松动。(6)风机启停运行和信号反馈正常,驱动装置的外露部位防护完好。

29. ABCD。【解析】干式报警阀误动作的维修方法包括:(1)检查阀瓣密封处渗漏原因,及时清理异物,维修或更换损坏件。(2)定期检查和加注底水。(3)排查供气装置故障原因并进行维修处理。(4)排查系统侧管网漏气点并进行维修。

30. ABCD。【解析】消防电话分机、消防电话插孔通话功能测试:检查消防电话分机、消防电话插孔与消防电话主机之间的呼叫与通话功能,消防电话主机应能显示每部分机或电话插孔的位置,呼叫铃声和通话语音应清晰;进行消防电话主机复位、自检操作;观察2 min,应处于正常监视状态。

31. ABCE。【解析】系统应急启动后,蓄电池电源供电时持续工作时间应满足下列要求:(1)建筑高度大于100 m的民用建筑,不应少于1.5 h。(2)医疗建筑、老年人照料设施、总建筑面积大于100 000 m^2的公共建筑和总建筑面积大于20 000 m^2的地下、半地下建筑,不应少于1.0 h。(3)其他建筑,不应少于0.5 h。

32. ACDE。【解析】室内消火栓箱主要由箱体、室内消火栓、消防水枪、消防水带和消火栓按钮组成。有的箱体内还设有消防水带搁板、挂架或卷盘,有的则组合设置有消防软管卷盘、轻便消防水龙或灭火器箱。

33. ABCD。【解析】推车贮压式干粉灭火器除灭火剂、虹吸管、压力指示器和喷射控制枪外,其余均与推车贮压式水基型灭火器相同。

34. ABE。【解析】风机不能自动启动的维修方法有:(1)将消防联动控制器调整为“自动允许”状态。(2)对线路进行检查,对损坏模块进行更换。(3)重新编写联动公式。(4)将风机控制柜设置为“自动”状态。(5)排除风机及控制柜故障。

35. ABCD。【解析】总线控制盘不能远程手动启动风阀(不包括未设电动开启功能的排烟防火阀)的原因包括:(1)消防联动控制为“手动禁止”状态。(2)控制模块或线路发生故障。(3)总线控制盘键盘板发生故障。(4)风阀发生故障。

36. BC。【解析】线型红外光束感烟火灾探测器的安装,应符合下列要求:当探测区域的高度不大于20 m时,光束轴线至顶棚的垂直距离宜为0.3~1 m;当探测区域的高度大于20 m时,光束轴线距探测区域的地(楼)面高度不宜超过20 m。

37. DE。【解析】接地电阻是指埋入地下的接地体电阻和土壤散流电阻。

38. ABCD。【解析】连锁控制的测试方法如下:通过开启末端试水装置、报警阀泄水阀或专用测试管路等方式模拟喷头动作,使报警阀在压差作用下开启,压力水流入报警管路,压力开关动作后直接启动消防水泵。也可通过开启警铃试验阀,直接驱动压力开关动作并连锁启动消防水泵。

39. ABCD。【解析】前室的设置要求如下:除设置在仓库连廊、冷库穿堂或谷物筒仓工作塔内的消防电梯外,消防电梯应设置前室。前室宜靠外墙设置,并应在首层直通室外或经过长度不大于30 m的通道通向室外;除前室的出入口、前室内设置的正压送风口和相应的户门外,前室内不应开设其他门、窗、洞口;前室或合用前室的门应采用乙级防火门,不应设置卷帘。单独前室的使用面积不小于6 m^2。

40. ABCDE。【解析】符合下列要求的场所可采用1支消防水枪的1股充实水柱到达室内任何部位,消火栓的布置间距不应大于50 m的标准:(1)建筑高度≤24 m且体积≤5 000 m^3 的多层仓库。(2)建筑高度≤54 m且每单元设置一部疏散楼梯的住宅。(3)跃层住宅和商业网点。(4)体积≤1 000 m^3的展览厅、影院、剧场、礼堂和体育健身场所。(5)体积≤5 000 m^3 的商场、餐厅、旅馆、医院等。(6)体积≤2 500 m^3 的丙、丁、戊类生产车间、自行车库。(7)体积≤3 000 m^3 的丙、丁、戊类物品库房、图书资料档案库等。

三、判断题

1. √。
2. √。
3. √。
4. ×。【解析】某一空间内,所有可燃物的表面全部卷入燃烧的瞬变过程,称为轰燃。
5. ×。【解析】防火墙上不应开设门、窗、洞口,确需开设时,应设置不可开启或火灾时能自动关闭的甲级防火门、窗。
6. ×。【解析】办公建筑的门洞口宽度不应小于1 m,高度不应小于2.1 m。
7. ×。【解析】图书室、资料室、档案室和存放文物的房间的顶棚、墙面应采用A级装修材料,地面应使用不低于B_1级的装修材料。
8. ×。【解析】建筑高度为28 m的住宅建筑,采用B_1级外保温材料,与基层墙体、装饰层之间无空腔,外墙上门、窗的耐火完整性不应低于0.50 h。
9. √。
10. √。
11. ×。【解析】二氧化碳灭火系统有高压系统和低压系统两种应用形式。
12. √。
13. ×。【解析】按接合器连接方式,消防水泵接合器可分为法兰式和螺纹式。
14. ×。【解析】喷射滞后时间是指自灭火器开启后到喷嘴开始喷射灭火剂的时间。
15. ×。【解析】水成膜泡沫与蛋白泡沫液相比,泡沫不够稳定,防复燃隔热性能差,而且成本较高。
16. √。
17. √。
18. ×。【解析】移动硬盘和U盘均属于移动存储设备。
19. √。
20. √。
21. √。
22. ×。【解析】在导向传输介质中,信号沿着固定方向传播,也称有线介质。
23. √。
24. √。
25. √。
26. ×。【解析】报警阀组是使水能够自动单方向流入喷水系统配水管道同时进行报警的阀组。
27. ×。【解析】常闭式送风口采用手动或电动开启,常用于前室或合用前室。

28. √。

29. √。

30. ×。【解析】线型光束感烟火灾探测器是指应用光束被烟雾粒子吸收而减弱的原理探测火灾的线型感烟探测器。

31. ×。【解析】火灾显示盘的信息显示应按火灾报警、监管报警、故障的顺序由高至低排列显示等级,高等级的信息应优先显示,低等级的信息显示不应影响高等级信息显示,显示的信息应与对应的状态一致且易于辨识。

32. √。

33. ×。【解析】消防电话分机、电话插孔的呼叫灯在监视状态下熄灭,在呼叫时闪亮,在通话时常亮。

34. ×。【解析】自然排烟系统是利用火灾产生的热烟气流的浮力和外部风力的作用,通过房间、走道的开口部位把烟气排至室外。

35. √。

36. √。

37. ×。【解析】针对线型感烟、感温火灾探测器的保养,在进行接入复检时,用减光率为 0.9 dB/m 的减光片遮挡光路,检查线型光束感烟火灾探测器是否发出火灾报警信号。

38. √。

39. √。

40. ×。【解析】更换喷头时,使用喷头专用扳手拆装新旧喷头,严禁利用喷头的框架施拧。

41. ×。【解析】止回阀安装方向错误会导致消防水泵接合器漏水或无法通过消防水泵接合器向室内管网供水。

42. ×。【解析】消防应急广播模块拆卸、编码后,将消防应急广播模块与底座卡扣对准,垂直于底座方向用力按下。

43. √。

44. √。

45. √。

46. √。

47. √。

48. √。

49. ×。【解析】检查火灾报警控制器时,查看火灾报警控制器声、光、显示器件(发光二极管、数码管、液晶屏等)、指示灯功能应正常,系统显示时钟与北京时间应无误差,打印机处于开启状态。

50. ×。【解析】切断火灾报警控制器的主电源,查看备用直流电源自动投入和主、备电源的状态显示情况。

51. √。

52. √。

53. √。

54. ×。【解析】排烟风机入口处的总管上设置的 280 ℃排烟防火阀在关闭后应直接联动控制风机停止。

55. √。

56. ×。【解析】连接报警阀进出口的控制阀应采用信号阀。当不采用信号阀时,控制阀应设锁定阀位的锁具。

57. √。

58. √。

59. ×。【解析】应急照明控制器主电源应设置明显的永久性标识,并应直接与消防电源连接,严禁使用电源插头。

60. ×。【解析】消防水池(水箱)的溢流管、泄水管不得与生产或生活用水的排水系统直接相连,应采用间接排水方式。

消防设施操作员（中级）

真题精选(四)

一、单项选择题(100 题,每题 0.5 分,共 50 分。每题有 4 个选项,其中只有 1 个是正确的,请将正确答案的代号填写在横线空白处)

1. 生命至上属于消防设施操作员的职业守则,下列关于生命至上要求的描述,错误的是__________。

   A. 安全第一　　B. 预防为主

   C. 救人第一　　D. 责任担当

2. __________火灾是指液体或可熔化的固体物质火灾。

   A. A 类　　B. B 类

   C. C 类　　D. D 类

3. 关于热辐射的特点,下列说法不正确的是__________。

   A. 只有在空气中才能传播热　　B. 不需要通过任何介质

   C. 不受气流、风速、风向的影响　　D. 通过真空也能进行热传播

4. 建筑高度大于__________ m,但不大于__________ m 的住宅建筑(包括设置商业服务网点的住宅建筑)属于二类高层建筑。

   A. 24、54　　B. 27、54

   C. 24、60　　D. 27、60

5. 三级耐火等级建筑中的防火墙对应的燃烧性能和耐火极限最低要求分别为__________。

   A. 不燃性、3.00 h　　B. 不燃性、2.50 h

   C. 难燃性、3.00 h　　D. 难燃性、2.50 h

6. 耐火等级为三级的多层民用建筑,允许建筑层数最多为__________层。

   A. 3　　B. 4

   C. 5　　D. 6

7. 室内净空高度为 7 m 的公共建筑,其防烟分区的最大允许面积为__________ m^2。

   A. 500　　B. 1 000

   C. 1 500　　D. 2 000

8. 消防车道的坡度不宜大于__________。

   A. 3%　　B. 5%

   C. 8%　　D. 10%

9. 采用相对密度(与空气密度的比值)不小于__________的可燃气体为燃料的锅炉,不得设置在地下或半地下。

   A. 0.50　　B. 0.75

   C. 1　　D. 1.25

10. 某单元式住宅一共 5 层,一侧设有栏杆的疏散楼梯,其最小宽度不小于__________ m。

    A. 1.0　　B. 1.1

    C. 1.2　　D. 1.4

11. 某歌舞厅设置在一级耐火等级建筑的五层,室内装修的顶棚材料、墙面材料、地面材料、隔断材料可分别采用__________的装修材料。

A. A 级、A 级、B_1级、B_2级　　B. A 级、B_1级、B_1级、B_2级

C. A 级、B_1级、B_1级、B_1级　　D. B_1级、B_1级、B_1级、B_1级

12. 某办公楼,建筑高度为 53 m,当外墙外保温系统与基层墙体、装饰层之间无空腔时,应采用__________级保温材料。

A. A　　B. B_1

C. B_2　　D. B_3

13. 平均值是指正弦交流电流或电压在__________内的平均值。

A. 半个周期　　B. 一个周期

C. 两个周期　　D. 三个周期

14. __________方式中电源中性点直接接地,电气装置的外露可导电部分接在电气上与电源接地点无关的独立接地极上。

A. TT　　B. TN

C. IT　　D. NT

15. __________适用于移动式电气设备的供电线路。

A. 普通聚氯乙烯电线电缆　　B. 特种聚氯乙烯电线电缆

C. 橡皮电线电缆　　D. 交联聚氯乙烯电线电缆

16. 下列不属于电动机过载后会出现的现象的是__________。

A. 电动机转子过电流　　B. 电动机整机或局部过热

C. 电动机转速明显下降　　D. 绕线式电动机电刷火花较大

17. 总建筑面积大于__________ m^2的玩具厂房应设置火灾自动报警系统。

A. 1 000　　B. 1 500

C. 2 000　　D. 3 000

18. 下列仓库中应设置自动灭火系统,并宜采用自动喷水灭火系统的是__________。

A. 每座占地面积为 1 500 m^2的棉、毛、丝、麻、化纤、毛皮及其制品的仓库

B. 每座占地面积为 500 m^2的火柴仓库

C. 总建筑面积为 450 m^2的可燃物品地下仓库

D. 单层占地面积为 1 000 m^2 的棉花库房

19. 按结构特点的不同,气体灭火系统分为__________。

A. 管网灭火系统和预制灭火系统

B. 全淹没气体灭火系统和局部应用气体灭火系统

C. 单元独立灭火系统和组合分配灭火系统

D. 自压式、内储压式和外储压式气体灭火系统

20. 采用管网灭火系统时,一个防护区面积不宜大于__________ m^2。

A. 500　　B. 800

C. 1 600　　D. 3 600

21. 中压细水雾灭火系统的额定工作压力__________。

A. 小于 1.20 MPa　　B. 大于或等于 1.20 MPa

C. 大于或等于 1.20 MPa 且小于 3.5 MPa　　D. 小于或等于 3.50 MPa

22. 建筑占地面积大于__________ m^2的厂房和仓库应设置室内消火栓系统。

A. 50　　B. 100

C. 200　　D. 300

23. 不同的灭火器,对有效喷射时间的要求也不同,但必须满足在最高使用温度条件下不得低于________s。

A. 5　　B. 6

C. 7　　D. 8

24. 用水灭火时往往是冷却、窒息、稀释等几种作用的共同结果,其中,________发挥着主要作用。

A. 冷却　　B. 窒息

C. 稀释　　D. 乳化

25. 推车式灭火器的操作要领归纳为________。

A. 一提,二拔,三握,四瞄,五射　　B. 一提,二拔,三握,四压,五瞄,六射

C. 一推,二拔,三展,四扣,五射　　D. 一推,二拔,三展,四开,五扣,六射

26. 除消防安全重点单位外的单位至少________进行一次灭火和应急疏散预案演练。

A. 每周　　B. 每月

C. 每半年　　D. 每年

27. 保护火灾现场的目的是使火灾调查人员发现、提取到客观、真实、有效的火灾痕迹、物证,确保火灾原因认定的________。

A. 公平性　　B. 公正性

C. 准确性　　D. 可靠性

28. 下列属于输出设备的是________。

A. 打印机　　B. 键盘

C. 鼠标　　D. 摄像头

29. 容量是指硬盘能存放的信息量,以________为单位。

A. 字节　　B. 字符

C. 块　　D. 比特

30. ________属于系统软件。

A. 文字处理软件　　B. 压缩软件

C. 语言处理程序　　D. 音频处理软件

31. .doc 表示________。

A. 文本文件　　B. Word 文件

C. 图形文件　　D. 音频文件

32. 通配符“*”代表________字符。

A. 0 个　　B. 1 个

C. 多个　　D. 0 个或多个

33. 在 Excel 2010 中,某单元格所在的列以________命名。

A. 数字　　B. 字符

C. 大写字母　　D. 小写字母

34. Excel 2010 中的表格在打印时可能会出现同一行跨页等问题,用户可通过________界面直接调整打印格式。

A. 页面布局　　B. 全屏显示

C. 分页预览　　D. 缩放到选定区域

35. 局域网中常用的传输介质是________。

A. 双绞线　　B. 同轴电缆

C. 光纤　　D. 无线通信

36. 实现数字信号与模拟信号转换的是＿＿＿＿＿。

A. 网卡　　B. 集线器

C. 中继器　　D. 调制解调器

37. 劳动合同是劳动者与用人单位确立劳动关系、明确双方＿＿＿＿＿的法律形式(协议)。

A. 权利和义务　　B. 权利和责任

C. 义务和责任　　D. 权利、义务和责任

38.《中华人民共和国劳动法》规定,国家确定职业分类,对规定的职业制定职业技能标准,实行＿＿＿＿＿。

A. 职业资格证书制度　　B. 学历文凭制度

C. 培训证书制度　　D. 技能分类制度

39.《中华人民共和国消防法》规定,国务院住房和城乡建设主管部门规定应当申请消防验收的建设工程竣工,＿＿＿＿＿应当向住房和城乡建设主管部门申请消防验收。

A. 施工单位　　B. 建设单位

C. 监理单位　　D. 设计单位

40.《中华人民共和国消防法》规定,住宅区的物业服务企业应当对管理区域内的＿＿＿＿＿消防设施进行维护管理,提供消防安全防范服务。

A. 公用　　B. 共用

C. 专用　　D. 重点

41. 下列关于消防控制室图形显示装置功能的描述,错误的是＿＿＿＿＿。(监控操作职业方向)

A. 消防控制室图形显示装置应能显示建筑总平面布局图、重要保护对象的建筑平面图、系统图等

B. 当有火灾报警信号、联动信号输入时,消防控制室图形显示装置应能显示报警部位对应的建筑位置、建筑平面图

C. 消防控制室图形显示装置应能接收控制器及其他消防设备(设施)发出的故障信号,并显示故障状态信息

D. 消防控制室图形显示装置应具有火灾报警和消防联动控制的历史记录功能

42. 要求灭火后必须及时停止喷水,减少不必要水渍损失的场所应选择＿＿＿＿＿。(监控操作职业方向)

A. 湿式自动喷水灭火系统　　B. 干式自动喷水灭火系统

C. 预作用自动喷水灭火系统　　D. 重复启闭预作用自动喷水灭火系统

43. ＿＿＿＿＿是一种能发出声响的水力驱动报警装置,安装在报警阀组的报警管路上,是报警阀组的主要组件之一。(监控操作职业方向)

A. 报警阀　　B. 压力开关

C. 水力警铃　　D. 水流指示器

44. 下列风机中不适用于机械加压送风机的是＿＿＿＿＿。(监控操作职业方向)

A. 低压离心风机　　B. 中压离心风机

C. 高压离心风机　　D. 轴流风机

45. 下列关于剩余电流式电气火灾监控探测器描述,错误的是＿＿＿＿＿。(监控操作职业方向)

A. 剩余电流式电气火灾监控探测器以设置在低压配电系统首端为基本原则

B. 在供电线路泄漏电流大于 500 mA 时,剩余电流式电气火灾监控探测器宜设置在其下一级配电柜(箱)

C. 剩余电流互感器是剩余电流式电气火灾监控探测器的核心测量部件

D. 剩余电流式电气火灾监控探测器宜设置在 IT 系统配电线路和消防配电线路中

46. 当被保护线路剩余电流达到报警设定值(可自行设定,要求设定范围在 20 ~ 1 000 mA)时,剩余电流式电气火灾监控探测器应能在__________ s 内发出报警信号,点亮报警指示灯,向电气火灾监控设备发送报警信号。(监控操作职业方向)
A. 5　　B. 10
C. 30　　D. 100
47. 集中火灾报警系统中,触发__________向集中火灾报警控制器发出监管信号。(监控操作职业方向)
A. 手动火灾报警按钮　　B. 火灾监管设备
C. 火灾联动设备　　D. 火灾短路保护设备
48. 通过“设备查看”方式判别现场消防设备工作状态时,在位图显示方式下,T 为__________。
A. 报警类型　　B. 消火栓按钮
C. 监管类型　　D. 消防广播
49. 通过“设备查看”方式判别现场消防设备工作状态时,回路配接设备在列表显示方式下,第三列为__________。
A. 回路 - 地址以及设备所在的 X 和 Y 分区　　B. 描述信息和楼层位置等信息
C. 设备类型以及对应的盘号键值　　D. 当前状态
50. 总线控制盘的手动锁处于“禁止”状态时,工作指示灯处于__________运行状态。
A. 红灯　　B. 黄灯
C. 绿灯　　D. 蓝灯
51. 下列关于线型光束感烟火灾探测器的描述,错误的是__________。
A. 线型光束感烟火灾探测器包括发射器和接收器两部分
B. 当探测器光路上出现烟雾时,会使到达接收器的信号减弱
C. 目前广泛使用的是红外光束线型感烟火灾探测器
D. 激光光束线型感烟火灾探测器分为对射型和反射型两种
52. 测试线型缆式感温火灾探测器火灾报警、故障报警功能时,在距离终端盒__________ m 以外的部位,使用温度不低于 54 ℃的热水持续对线型缆式感温火灾探测器的感温电缆进行加热。
A. 0.1　　B. 0.3
C. 0.5　　D. 1.0
53. 具有接收火灾报警控制器传来的火灾探测器、手动火灾报警按钮及其他火灾报警触发器件的故障信号的火灾显示盘,应在火灾报警控制器发出故障信号后__________ s 内发出故障声、光信号,并指示故障发生部位。
A. 1　　B. 3
C. 5　　D. 10
54. 在消防泵组电气控制柜的主/备泵切换功能中,当主泵发生故障时,备用泵自动延时投入,水泵启动时间不应大于__________ min。
A. 1　　B. 2
C. 3　　D. 5
55. 下列关于消防应急广播主机的描述,错误的是__________。
A. 消防应急广播主机是进行应急广播的主要设备
B. 消防应急广播主机不准进行背景音乐广播
C. 消防应急广播主机应设置在消防控制室内
D. 消防应急广播主机可以组合安装在柜式或琴台式的火灾报警控制柜内

56. 机械加压送风方式的防烟系统动作时,场所内相关位置的压力描述正确的是________。
A. 防烟楼梯间压力>前室压力>房间压力>走道压力
B. 防烟楼梯间压力>前室压力>走道压力>房间压力
C. 前室压力>防烟楼梯间压力>走道压力>房间压力
D. 前室压力>防烟楼梯间压力>房间压力>走道压力

57. 排烟口、常闭送风口的控制方式不包括________。
A. 温控自动开启 B. 通过火灾自动报警系统自动启动
C. 消防控制室手动操作 D. 现场手动操作

58. 防火卷帘手动按钮盒底边距地高度宜为________ m。
A. 1.3~1.5 B. 1.3~2.0
C. 1.5~2.0 D. 1.7~2.0

59. ________主要用于实时监控和反馈防火门的工作状态,接收控制指令后控制常开防火门关闭。
A. 防火门监控器 B. 防火门电动闭门器
C. 防火门电磁释放器 D. 防火门监控模块

60. 防火门监控器上用于对监控器音响部件及状态指示灯、显示屏进行功能检查,以判断其是否正常工作的按键是________键。
A. 自动 B. 自检
C. 消音 D. 复位

61. 设置消防控制室的场所应选择________消防应急照明和疏散指示系统。
A. 持续型 B. 非持续型
C. 集中控制型 D. 非集中控制型

62. 电气火灾监控器的保养项目不包括________。
A. 外壳外观保养 B. 指示灯保养
C. 开关、按键保养 D. 底座稳定性检查

63. 消防增(稳)压设施中的气压罐及供水附件的保养要求不包括________。
A. 组件齐全,固定牢靠
B. 法兰及管道连接处无渗漏,进出水阀门启闭状态正确
C. 出水量符合要求
D. 压力表当前指示正常,稳压泵启停压力设定正确,联动启动消防主泵功能正常

64. 下列关于消防电梯设施的描述,错误的是________。
A. 消防电梯的井底应设置排水设施 B. 排水井的容量为 3 m^3
C. 排水泵的排水量为 8 L/s D. 消防电梯间前室的门口宜设置挡水设施

65. 更换火灾自动报警系统组件操作步骤包含:(1)接通电源,使火灾自动报警系统中组件处于故障状态。(2)确定故障点位置。(3)查找故障原因。(4)更换组件。(5)功能检查。(6)填写《建筑消防设施故障维修记录表》。正确的操作步骤顺序是________。(检测维修保养职业方向)
A. (1)(2)(3)(4)(5)(6) B. (6)(1)(2)(3)(4)(5)
C. (1)(3)(4)(5)(2)(6) D. (1)(2)(3)(4)(6)(5)

66. 玻璃球喷头的公称动作温度为 68 ℃,对应的工作液色标为________。(检测维修保养职业方向)
A. 黄色 B. 橙色
C. 绿色 D. 红色

67. 湿式报警阀组漏水,经检查是报警管路警铃试验阀处渗漏,正确的维修方法是__________。(检测维修保养职业方向)

A. 关紧排水阀门
B. 更换阀瓣密封垫
C. 检查系统侧管道接口渗漏点
D. 警铃试验阀损坏的,予以更换

68. 消防水池(水箱)没水或漏水的原因不包括__________。(检测维修保养职业方向)

A. 排污管(放空管)、出水管管路渗漏
B. 排污管(放空管)上控制阀未关闭
C. 消防水池(水箱)腐蚀或锈蚀
D. 消防水泵控制阀未完全关闭

69. 稳压泵漏水的维修方法不包括__________。(检测维修保养职业方向)

A. 更换密封圈
B. 检查设施-管道接口渗漏点,管道接口锈蚀、磨损严重的,更换管道接口相关部件
C. 维修或更换控制阀
D. 关闭泄水阀门

70. 消防应急照明和疏散指示系统主电故障报警是指__________。(检测维修保养职业方向)

A. 主电工作指示灯熄灭,系统故障工作灯点亮,应急照明控制器主机报出主电故障
B. 备电工作指示灯熄灭,系统故障工作灯点亮,应急照明控制器主机报出备电故障
C. 备电工作指示灯熄灭,系统故障工作灯点亮,应急照明控制器主机报出主电故障
D. 主电工作指示灯熄灭,系统故障工作灯点亮,应急照明控制器主机报出备电故障

71. 防火门关闭后无反馈信息的故障原因不包括__________。(检测维修保养职业方向)

A. 电动闭门器滑槽内的信号反馈装置调试不到位或损坏
B. 接线不正确
C. 监控模块损坏
D. 消防联动控制器处于手动状态

72. 防火卷帘运行时噪声大的原因不包括__________。(检测维修保养职业方向)

A. 五金件安装不牢固
B. 帘面走位
C. 未涂覆润滑油
D. 门体与导轨卡住

73. 下列不能解决防火门关闭后挡烟性能差问题的是__________。(检测维修保养职业方向)

A. 用不燃材料填充缝隙和孔洞,并达到耐火极限要求
B. 检查并调整连杆上的螺钉
C. 更换符合要求的密封条
D. 重新安装防火门密封条

74. 更换消火栓按钮的操作步骤中,最后一步是__________。(检测维修保养职业方向)

A. 查验线路压接质量,将上盖插入底座,按压使两部分扣合紧密
B. 进行火灾自动报警系统设备注册
C. 测试消火栓按钮功能
D. 记录维修情况,并清理作业现场

75. 室内消火栓系统给水管网振动大,发出异响、噪声,以下处理不正确的是__________。(检测维修保养职业方向)

A. 泵出口处改用柔性连接
B. 排查异响部位,对松动支/吊架进行加固或维修
C. 立管最低处增设自动排气阀
D. 对照设计文件检查管径大小,不符合要求的予以更换

76. 灭火器维修过程中的水压试验压力应按灭火器铭牌标志上规定的水压试验压力值进行,保压__________ min。(检测维修保养职业方向)

A. 1　　B. 2

C. 10　　D. 5

77. 水基型灭火器超过出厂时间__________年应报废。(检测维修保养职业方向)

A. 3　　B. 5

C. 6　　D. 10

78. 防烟排烟系统中的风机运行噪声过大的原因不包括__________。(检测维修保养职业方向)

A. 叶轮与机壳摩擦　　B. 轴承部件磨损,间隙过大

C. 转速过高　　D. 基础螺栓松动,引起共振

79. 防烟排烟系统中的风阀启闭状态不正确,下列维修方法不正确的是__________。(检测维修保养职业方向)

A. 及时复位风阀

B. 更换控制模块或检修线路

C. 更换温感器后正确启闭风阀

D. 检查执行器棘轮、棘齿脱扣原因,发现咬合处磨损严重、弹簧弹力不足等问题的,更换相关零件

80. 关于火灾报警控制器的检测方法,在断路故障报警期间,采用发烟装置或温度不低于__________ ℃的热源,先后向同一回路中两个火灾探测器施放烟气或加热,查看火灾报警控制器的火警信号、报警部位显示及记录。(检测维修保养职业方向)

A. 40　　B. 45

C. 50　　D. 54

81. 火灾自动报警系统各组件的检测方法中,火灾探测器的检测内容主要是__________功能。(检测维修保养职业方向)

A. 故障报警　　B. 火警优先

C. 试验报警　　D. 自检

82. 线型感温火灾探测器在保护电缆、堆垛等类似保护对象时,应采用__________布置。(检测维修保养职业方向)

A. 居中　　B. 靠近

C. 接触式　　D. 悬挂式

83. 火灾报警控制器、火灾显示器、消防联动控制器等控制器设备在墙上安装时,其主显示屏高度宜为 1.5 ~ 1.8 m,其靠近门轴的侧面距墙不应小于__________ m。(检测维修保养职业方向)

A. 0.2　　B. 0.3

C. 0.4　　D. 0.5

84. 测试火灾自动报警系统组件功能的操作准备事项不包括__________。(检测维修保养职业方向)

A. 火灾自动报警系统　　B. 消防水泵接合器

C. 消防设备联动逻辑说明或设计要求　　D.《建筑消防设施检测记录表》

85. ________应具有发出联动控制信号强制所有电梯停于首层或电梯转换层的功能。(检测维修保养职业方向)

A. 区域火灾报警控制器　　B. 火灾显示盘

C. 消防联动控制器　　D. 手动火灾报警按钮

86. 火灾自动报警系统接地装置的接地电阻值应符合规定,采用专用接地装置时,接地电阻值不应大于________Ω。(检测维修保养职业方向)

A. 4　　B. 5

C. 6　　D. 10

87. 当水流指示器入口前设置控制阀时,应采用信号阀,两者之间的距离不宜小于________mm。(检测维修保养职业方向)

A. 100　　B. 150

C. 250　　D. 300

88. 干式系统一个报警阀组控制的洒水喷头数不宜超过________只。(检测维修保养职业方向)

A. 200　　B. 300

C. 500　　D. 800

89. 湿式、干式自动喷水灭火系统中配水干管、配水管应做红色或红色环圈标识。红色环圈标识宽度不应小于20 mm,在一个独立的单元内环圈标识不宜少于________处。(检测维修保养职业方向)

A. 1　　B. 2

C. 3　　D. 4

90. 干式自动喷水灭火系统组件功能测试时,测试配水管道充水时间应不大于________min。(检测维修保养职业方向)

A. 5　　B. 1

C. 2　　D. 3

91. 需要火灾自动报警系统联动控制的消防设备,其联动触发信号应采用两个________的报警触发装置报警信号的“与”逻辑组合。(检测维修保养职业方向)

A. 相同　　B. 独立

C. 不同　　D. 相似

92. 在消防控制室应能显示消防应急广播的________的工作状态。(检测维修保养职业方向)

A. 防烟分区　　B. 广播分区

C. 防火分区　　D. 报警区域

93. 消防应急广播系统的联动控制信号由________发出,当确认火灾后,应同时向全楼进行广播。(检测维修保养职业方向)

A. 火灾报警控制器　　B. 消防广播控制器

C. 消防联动控制器　　D. 消防联动控制柜

94. 除设置在仓库连廊、冷库穿堂或谷物筒仓工作塔内的消防电梯外,消防电梯应设置前室,前室或合用前室的门应采用________防火门。(检测维修保养职业方向)

A. 甲级　　B. 乙级

C. 丙级　　D. 丁级

95. 疏散照明的地面照度不应低于________lx。(检测维修保养职业方向)

A. 0.2　　B. 0.3

C. 0.4　　D. 0.5

96. 下列关于防火卷帘卷门机安装质量要求的说法中,错误的是________。(检测维修保养职业方向)
A. 卷门机应按产品说明书要求安装,且应牢固可靠
B. 卷门机应设有手动拉链和手动速放装置,其安装位置应便于操作,并应有明显标识
C. 手动拉链和手动速放装置应采用不燃或难燃材料制作
D. 手动拉链应加锁,手动速放装置不应加锁

97. 储存室外消防用水的消防水池的取水口(井)与甲、乙、丙类液体储罐等构筑物的距离不宜小于________ m。(检测维修保养职业方向)
A. 30　　B. 40
C. 50　　D. 60

98. 下列关于室内管网的布置要求中,说法错误的是________。(检测维修保养职业方向)
A. 室内消火栓系统管网应布置成环状,当室外消火栓设计流量不大于 20 L/s,且室内消火栓不超过 10 个时,除国家有关规范规定的必须设置环状管网的情形外,可布置成枝状
B. 室内消防管道管径应根据系统设计流量、流速和压力要求经计算确定;室内消火栓竖管管径应根据竖管最低流量经计算确定,但不应小于 DN100
C. 室内管网应采用阀门划分若干个独立段,保证检修管道时关闭停用的竖管不超过 1 根,当竖管超过 4 根时,可关闭不相邻的 2 根
D. 室内消火栓给水管网宜与自动喷水等其他水灭火系统的管网分开设置;当合用消防水泵时,供水管路应沿水流方向在报警阀后分开设置

99. 室内消火栓系统中的管道穿过墙体或楼板时应加设套管,套管长度不应小于墙体厚度,或应高出楼面或地面________ mm。(检测维修保养职业方向)
A. 30　　B. 40
C. 50　　D. 60

100. 防烟排烟系统中,吊顶内的排烟管道应采用不燃材料隔热,并应与可燃物保持不小于________ mm 的距离。(检测维修保养职业方向)
A. 100　　B. 150
C. 200　　D. 300

二、多项选择题(40 题,每题 0.5 分,共 20 分。每题的多个选项中,至少有 2 个是正确的,请将正确答案的代号填写在横线空白处)

1. 火灾是________燃烧。
A. 时间或空间上　　B. 失去控制
C. 物理反应　　D. 化学反应
E. 可控制

2. 下列物质生产时的火灾危险性为甲类的是________。
A. 爆炸下限小于 10% 的气体
B. 闪点小于 28 ℃的液体
C. 常温下受到水或空气中水蒸气的作用,能产生可燃气体并引起燃烧或爆炸的物质
D. 助燃气体
E. 可燃固体

3. 如果剧场、电影院、礼堂设置在其他民用建筑内时,符合的要求为________。
A. 至少应设置 2 个独立的安全出口和疏散楼梯
B. 应采用耐火极限不低于 2.00 h 的防火隔墙和乙级防火门与其他区域分隔

C. 设置在一、二级耐火等级的建筑内时,观众厅宜布置在首层、二层或三层
D. 设置在三级耐火等级的建筑内时,不应布置在二层及以上楼层
E. 设置在地下或半地下时,宜设置在地下一层

4. 下列装修材料中,属于 B_1 级墙面装修材料的是__________。
A. 纸面石膏板　　B. 水泥刨花板
C. 印刷木纹人造板　　D. 胶合板
E. 墙布

5. 电气技术文字符号包括__________。
A. 单字母符号　　B. 主要文字符号
C. 双字母符号　　D. 辅助文字符号
E. 回路标号

6. 防止电缆火灾发生与阻燃的对策包括__________。
A. 防火分隔　　B. 封堵电缆孔洞
C. 远离热源和火源　　D. 防止电缆因故障而自燃
E. 设置自动报警与灭火装置

7. 下列建筑或场所应设置火灾自动报警系统的有__________。
A. 歌舞娱乐放映游艺场所　　B. 图书或文物的珍藏库
C. 老年人照料设施　　D. 每座藏书超过 20 万册的图书馆
E. 大、中型幼儿园的儿童用房等场所

8. 全淹没气体灭火系统适用于扑救__________。
A. 液体火灾　　B. 灭火前能切断气源的气体火灾
C. 电气火灾　　D. 能自行分解的化学物质火灾
E. 可燃固体物质的深位火灾

9. 下列固定消防炮灭火系统,属于按控制方式分类的有__________。
A. 固定式消防炮系统　　B. 移动炮系统
C. 远控消防炮系统　　D. 手动消防炮系统
E. 智能型消防炮系统

10. 下列部位应设置疏散照明的有__________。
A. 建筑高度为 25 m 的住宅楼的疏散走道
B. 人员密集的厂房内的生产场所及疏散走道
C. 建筑高度为 60 m 的综合楼的避难走道
D. 观众厅
E. 建筑面积大于 200 m^2 的营业厅

11. 下列关于手提式灭火器操作时的注意事项,说法正确的是__________。
A. 使用干粉灭火器前,要先将灭火器上下颠倒几次
B. 使用过程中,灭火器应始终保持竖直状态
C. 扑救电气火灾时,应先断电后灭火
D. 有喷射软管的灭火器或贮压式灭火器在使用时,一手应始终压下压把
E. 扑救可燃液体火灾时,应尽量使灭火剂直接冲击燃烧液面

12. 硬盘分为__________。
A. 固态硬盘　　B. 机械硬盘
C. 数字硬盘　　D. 移动硬盘
E. 混合硬盘

13. 下列属于文字处理软件的是__________。

A. Word　　B. WPS

C. Photoshop　　D. WinRAR

E. WinZip

14. Word 2010 界面中的快速访问工具栏默认情况下包含的命令按钮有__________。

A. 保存　　B. 撤销

C. 恢复　　D. 新建

E. 打开

15. 劳动合同的内容必须包括__________。

A. 劳动合同期限　　B. 工作内容

C. 劳动报酬　　D. 劳动纪律

E. 劳动合同终止的条件

16.《自动喷水灭火系统设计规范》(GB 50084)不适用于__________等特殊功能建筑中自动喷水灭火系统的设计。

A. 火药　　B. 炸药

C. 弹药　　D. 核电站

E. 飞机库

17. 消防控制室图形显示装置应记录__________信息。(监控操作职业方向)

A. 报警时间　　B. 报警部位

C. 复位操作　　D. 消防联动设备的启动和动作反馈

E. 报警人员

18. 干式自动喷水灭火系统主要由__________构成。(监控操作职业方向)

A. 开式喷头　　B. 报警阀组

C. 管道　　D. 供水设施

E. 充气和气压维持装置

19. 下列关于机械排烟系统组件的说法,正确的是__________。(监控操作职业方向)

A. 排烟防火阀平时呈开启状态

B. 排烟阀平时呈开启状态

C. 排烟防火阀平时呈关闭状态

D. 排烟阀平时呈关闭状态

E. 排烟口通常设置在防烟分区内需要排烟的走道、房间的顶棚或靠近顶棚的墙面上

20. 判别现场消防设备工作状态时,设备信息查看的方式包括__________。

A. 分类查看　　B. 设备查看

C. 分区查看　　D. 分别查看

E. 分组查看

21. 线型感温火灾探测器按动作性能可分为__________。

A. 定温线型感温火灾探测器　　B. 差温线型感温火灾探测器

C. 差定温线型感温火灾探测器　　D. 探测型线型感温火灾探测器

E. 探测报警型线型感温火灾探测器

22. 火灾显示盘的功能包括__________。

A. 火灾报警显示功能　　B. 故障显示功能

C. 自检功能　　D. 信息显示与查询功能

E. 电源功能

23. 消防电话系统的形式分为__________。
A. 总线制　　B. 多线制
C. 直线制　　D. 移动式
E. 星形式

24. 风机电气控制柜的功能包括__________。
A. 指示功能　　B. 转换功能
C. 风机启/停功能　　D. 报警功能
E. 保护功能

25. 防火门监控器上的黄色指示灯用于指示__________。
A. 故障状态　　B. 自检状态
C. 消音状态　　D. 电源工作状态
E. 复位状态

26. 在保养电气火灾监控器时,如果检查线路接头处发现有氧化和锈蚀痕迹,则应采取的防潮、防锈措施有__________。
A. 重新连接接头　　B. 镀锡
C. 用水冲洗干净　　D. 涂抹凡士林
E. 用普通纸张包裹

27. 检查消防泵房防淹没措施时,主要看__________。
A. 消防水池的高度　　B. 水泵基础高
C. 排水沟　　D. 挡水门槛
E. 集水坑

28. 线型感烟火灾探测器工作灯不亮的原因包括__________。(检测维修保养职业方向)
A. 探测器发射端和接收端之间有障碍物遮挡
B. 探测器积尘过多,影响探测器灵敏度
C. 探测器自身老化损坏
D. 供电线路发生故障
E. 探测器发射端和接收端光路发生偏移,未调试到位

29. 干式报警阀自动滴水阀滴漏不止的正确维修方法有__________。(检测维修保养职业方向)
A. 完全关闭注水阀　　B. 更换密封圈
C. 清除阀座上的异物　　D. 无法修理的及时更换
E. 关严或更换警铃试验阀

30. 消防电话系统、消防应急广播系统确定故障点位置的操作有__________。(消防设施检测维修保养)
A. 查看火灾报警控制器显示的故障信息　　B. 对照系统平面布置图
C. 确定故障部件的设置部位　　D. 记录故障器件的编码
E. 对照系统剖面图

31. 消防应急灯具、应急照明控制器和消防应急电源中主电故障报警的维修方法有__________。(检测维修保养职业方向)
A. 检查输入电源是否完好,交流电源电压是否为 180 ~ 250 V
B. 检查主电熔丝有无熔断,若已熔断,应更换满足要求的熔丝
C. 若接线端子或接头松动,应重新连接紧固
D. 若接头处有氧化或锈蚀痕迹,可断开接点,用细砂纸磨掉或用电工刀刮掉氧化层,镀锡和涂抹凡士林后,再重新连接紧固
E. 检查主、备电源输出是否正常

32. 室外消火栓系统按用途可分为__________。(检测维修保养职业方向)

A. 环状管网消火栓系统　　B. 独立管网的消火栓系统

C. 枝状管网消火栓系统　　D. 合用管网的消火栓系统

E. 高压消火栓系统

33. 灭火器维修工作包括__________。(检测维修保养职业方向)

A. 原始信息记录　　B. 维修前检查

C. 拆卸灭火器　　D. 灭火剂回收处置

E. 质量检验

34. 防烟排烟系统中风机运行振动剧烈的原因可能有__________。(检测维修保养职业方向)

A. 叶轮定位螺栓或夹轮螺栓松动

B. 叶片质量不对称或部分叶片磨损、腐蚀

C. 叶片上附有不均匀的附着物

D. 叶轮变形或不平衡

E. 轴承磨损或松动

35. 检查火灾报警控制器时,查看火灾报警控制器声、光显示器件(发光二极管、数码管、液晶屏等)、指示灯功能应正常,系统显示时钟与北京时间应无误差,打印机处于开启状态。观察火警、监管、故障、屏蔽指示灯应处于熄灭状态,控制器应处于__________等。(检测维修保养职业方向)

A. 无火灾报警状态　　B. 无监管报警状态

C. 无故障报警状态　　D. 无打印机工作状态

E. 控制器未屏蔽有关火灾探测器

36. 对火灾警报装置进行功能测试时,触发同一报警区域内__________,启动需测试的火灾警报装置。(检测维修保养职业方向)

A. 两只独立的火灾探测器

B. 两只非独立的火灾探测器

C. 一只火灾探测器与一只手动火灾报警按钮

D. 两只手动火灾报警按钮

E. 一只火灾探测器与一只输入模块

37. 检查湿式、干式自动喷水灭火系统管网安装情况时,通过__________等方式,检查管道支架、吊架、防晃支架的设置情况和安装质量。(检测维修保养职业方向)

A. 目测　　B. 敲击

C. 功能测试　　D. 对照未审核的消防设计文件

E. 尺量

38. 消防设备末端配电装置外壳的产品铭牌内容应至少包括__________。(检测维修保养职业方向)

A. 产品名称　　B. 规格型号

C. 额定电压　　D. 防护等级

E. 箱体尺寸

39. 下列关于消防应急照明和疏散指示系统检测方法中,说法正确的是__________。(检测维修保养职业方向)

A. 系统检测前,应按设计文件核查系统部件的规格、型号、数量、备品备件的数量,以确保系统部件的规格、型号、数量、备品备件与设计文件一致

B. 系统各组件、设备的永久性铭牌和按规定设置的标识,其文字和数据应齐全,符号应清晰,色标应正确

C. 系统组件、设备、线槽、支/吊架等应完好无损、无锈蚀,导线和电缆的连接、绝缘性能、接地电阻等应符合设计要求

D. 检测用的仪器、仪表等,能用即可

E. 系统检测前,要进行人员登记

40. 在室外管网的安装质量要求中,当埋地管直径不小于 DN100 时,应在管道__________等位置设置钢筋混凝土支墩。(检测维修保养职业方向)

A. 弯头　　B. 三通

C. 四通　　D. 堵头

E. 管道接口

三、判断题(60 题,每题 0.5 分,共 30 分。判断正确的请在括号内打"√",错误的请在括号内打"×")

1. 消防设施操作员国家职业技能标准以"职业技能为导向、职业活动为核心"为指导思想。(　　)
2. 进行电焊、气焊等具有火灾危险作业的人员和自动消防系统的操作人员,必须持证上岗,并遵守消防安全操作规程。(　　)
3. 外部引火源作用于可燃物的某个局部范围,使该局部受到强烈加热而开始燃烧的现象,称为自燃。(　　)
4. 热辐射不需要通过任何介质,不受气流、风速、风向的影响。(　　)
5. 建筑与储罐、堆场的防火间距,为建筑外墙至储罐外壁或堆场中相邻堆垛外缘的最远水平距离。(　　)
6. 消防救援场地和入口主要是指消防车登高操作场地、消防登高面和灭火救援窗。(　　)
7. 丙类多层厂房的疏散楼梯间应采用敞开楼梯间。(　　)
8. 建筑厨房内顶棚、墙面和地面应采用不低于 B_1 级的装修材料。(　　)
9. 在选择电线电缆时,应根据系统的载荷情况,合理地选择导线截面。按敷设方式、环境条件确定的导体截面,其导体载流量应大于计算电流。(　　)
10. 静电中和器能把带电体上的静电完全中和掉。(　　)
11. 仅需要报警,不需要联动自动消防设备的保护对象宜采用区域报警系统。(　　)
12. 组合分配灭火系统是指用一套灭火剂储存装置保护三个及三个以上防护区或保护对象的灭火系统。(　　)
13. 闭式细水雾灭火系统的工作原理与闭式自动喷水灭火系统不同。(　　)
14. 防烟系统是指采用自然排烟或机械排烟的方式,将房间、走道等空间的火灾烟气排至建筑物外的系统。(　　)
15. 逃生绳直径不得小于 10 mm,最小破断强度应不小于 8 kN。(　　)
16. 二氧化碳灭火剂的灭火作用主要在于冷却,其次是窒息。(　　)
17. 组织与实施应急疏散逃生时,应利用应急广播系统、警铃、室内电话等设施设备以及通过喊话等方式发布火警信息。(　　)
18. 外存储器断电后不能继续保存数据。(　　)
19. 调制解调器俗称"猫"。(　　)
20. 文件夹有扩展名。(　　)
21. 在 Word 2010 中设置行距时,如果选择"多倍行距",则行距与当前字号有关,字号越大,行距越小。(　　)
22. 公用网是某个行业或部门为满足本单位业务工作组建的网络。(　　)

23. 采用"超链接"的方法,用户可以从一个网站访问另一个网站,或新的网页、视频等资源。 ( )
24. 用人单位和劳动者必须依法参加社会保险,缴纳社会保险费。 ( )
25. 一般说来,火灾自动报警系统控制器的主、备电开关位于火灾自动报警系统控制器的正面。(监控操作职业方向) ( )
26. 干式自动喷水灭火系统应采用干式报警阀组,准工作状态时配接的配水管道内充满用于启动系统的有压水。(监控操作职业方向) ( )
27. 机械加压送风系统中的送风口分为常开式、常闭式和自垂百叶式。(监控操作职业方向) ( )
28. 当集中火灾报警控制器处于火警状态时,确认现场发生火灾后,不允许将控制器从自动状态切换为手动状态。 ( )
29. 总线控制盘操作面板上每个操作按钮分别对应一个启动指示灯和一个反馈指示灯,分别用于显示设备运行状态、提示按钮状态。 ( )
30. 线型感温火灾探测器按定位方式可分为探测型和探测报警型。 ( )
31. 所有的火灾显示盘均设有专用故障总指示灯。 ( )
32. 消防泵组电气控制柜应具有机械应急启动功能,在控制柜内的控制线路发生故障时可由现场人员在紧急时启动消防水泵。 ( )
33. 处于通话状态的消防电话总机,当有其他消防电话分机呼入时,会影响通话。 ( )
34. 由排烟口、排烟窗或排烟阀开启的动作信号作为排烟风机启动的联动触发信号,并由消防联动控制器联动控制排烟风机的启动。 ( )
35. 发生火灾时,垂直式防火卷帘、侧向式防火卷帘、水平式防火卷帘可自动关闭。 ( )
36. 应急照明控制器的主电源应由自带蓄电池供电。 ( )
37. 如果发现线型光束感烟火灾探测器的发射、接收窗口及反射器表面被灰尘或者油污污染,不要使用水除污,可以使用化学药剂除污。 ( )
38. 在消防增(稳)压设施的保养方法中,利用测试管路泄压,观察稳压泵交替运行情况;再次泄压,观察稳压泵自动启停和运转情况。 ( )
39. 更换点型(感烟、感温)火灾探测器的方法为:顺时针旋转点型(感烟、感温)火灾探测器,将探测器部分与底座脱离。(检测维修保养职业方向) ( )
40. 更换湿式、干式自动喷水灭火系统中的闭式洒水喷头前,应先关闭该喷头所在分区水流指示器前的控制阀,再打开末端试水装置排出管道存水,然后再更换喷头。(检测维修保养职业方向) ( )
41. 消防泵组电气控制柜处于"手动"状态,消防控制室远程不能启停消防水泵。(检测维修保养职业方向) ( )
42. 更换消防应急灯具的常用工具有剥线钳、绝缘胶带、万用表、灯具编码器等。(检测维修保养职业方向) ( )
43. 常开式防火门无法锁定在开启状态的故障原因可能为电压过低。(检测维修保养职业方向) ( )
44. 干式消火栓系统的充水时间不应大于 10 min。(检测维修保养职业方向) ( )
45. 室内消火栓系统给水管网振动大,发出异响、噪声,可能是消火栓泵出口未采用刚性连接。(检测维修保养职业方向) ( )

46. 干粉型灭火器分为手提贮压式干粉灭火器和推车贮压式干粉灭火器。(检测维修保养职业方向) ( )
47. 防火阀 70 ℃时自动关闭。(检测维修保养职业方向) ( )
48. 风机轴与电动机轴不同心会导致风机运行振动剧烈、风机运行温度异常等故障。(检测维修保养职业方向) ( )
49. 手动火灾报警按钮的检测方法是触发手动火灾报警按钮,查看火灾报警控制器火警信号显示和按钮的报警确认灯。先复位火灾报警控制器,后复位手动按钮,查看火灾报警控制器火警信号显示和按钮的报警确认灯情况。(检测维修保养职业方向) ( )
50. 火灾警报器的检测内容主要是试验警报功能。(检测维修保养职业方向) ( )
51. 线型红外光束感烟火灾探测器的发射器和接收器之间的光路上应无遮挡物或干扰源。(检测维修保养职业方向) ( )
52. 火灾报警控制器与其外接备用电源之间不应直接连接。(检测维修保养职业方向) ( )
53. 在确认火灾后,启动建筑内的所有火灾声光警报器,消防应急广播系统应同时向全楼进行广播。(检测维修保养职业方向) ( )
54. 消防联动控制器联动控制排烟口、排烟窗或排烟阀的开启,联动控制排烟风机的启动,同时停止该防火分区的空气调节系统。(检测维修保养职业方向) ( )
55. 湿式自动喷水灭火系统中的水流指示器的引出线应用防水套管锁定。(检测维修保养职业方向) ( )
56. 在湿式自动喷水灭火系统中,设置报警阀组的部位应设有排水设施,排水能力应满足报警阀调试、验收和利用试水阀门泄空系统管道的要求。(检测维修保养职业方向) ( )
57. 消防设备末端配电装置有两路电源为该装置供电,当其中一路断电后另一路可以自动投入使用,消防设备末端配电装置供电功能测试主要就是检验装置内双电源开关的切换功能。(检测维修保养职业方向) ( )
58. 消防应急广播系统应与火灾声警报器同时工作。(检测维修保养职业方向) ( )
59. 照度计是一种专门测量光度、亮度的仪器仪表。光照度是物体被照明的程度,即物体表面所得到的光通量与被照面积之比,单位为勒克斯。(检测维修保养职业方向) ( )
60. 当高位消防水箱在屋顶露天设置时,水箱的人孔以及进出水管的阀门等应采取锁具或阀门箱等保护措施。(检测维修保养职业方向) ( )

参考答案及详解

一、单项选择题

1. D。【解析】生命至上的要求包括安全第一、预防为主、救人第一。
2. B。【解析】B 类火灾是指液体或可熔化的固体物质火灾。
3. A。【解析】热辐射是指物体以电磁波形式传递热能的现象。热辐射具有以下特点:一是不需要通过任何介质,不受气流、风速、风向的影响,通过真空也能进行热传播;二是固体、液体、气体物质都能把热以电磁波的形式辐射出去,也能吸收别的物体辐射出来的热能;三是当有两物体并存时,温度较高的物体将向温度较低的物体辐射热能,直到两物体温度渐趋平衡。
4. B。【解析】建筑高度大于 27 m,但不大于 54 m 的住宅建筑(包括设置商业服务网点的住宅建筑)属于二类高层建筑。

5. A。【解析】三级耐火等级建筑中的防火墙对应的燃烧性能和耐火极限最低要求分别为不燃性、3.00 h。

6. C。【解析】耐火等级为三级的多层民用建筑,允许建筑层数最多为5层。

7. D。【解析】室内净空高度大于6 m的公共建筑,其防烟分区的最大允许面积为2 000 m^2。

8. C。【解析】消防车道的坡度不宜大于8%。

9. B。【解析】采用相对密度(与空气密度的比值)不小于0.75的可燃气体为燃料的锅炉,不得设置在地下或半地下。

10. A。【解析】不超过6层的单元式住宅一侧设有栏杆的疏散楼梯,其最小宽度不小于1.0 m。

11. C。【解析】歌舞娱乐放映游艺场所设置在一、二级耐火等级建筑的四层及四层以上时,室内装修的顶棚材料应采用A级装修材料,其他部位应采用不低于B_1级的装修材料。

12. A。【解析】建筑高度大于50 m的除住宅建筑和设置在人员密集场所的建筑外的其他建筑,当外墙外保温系统与基层墙体、装饰层之间无空腔时,应采用A级保温材料。

13. A。【解析】通常情况下,平均值是指正弦交流电流或电压在半个周期内的平均值。

14. A。【解析】TT方式中电源中性点直接接地,电气装置的外露可导电部分接在电气上与电源接地点无关的独立接地极上。

15. C。【解析】橡皮电线电缆弯曲性能较好,能够在严寒气候下敷设,适用于水平高差大和垂直敷设的场所;橡皮电线电缆适用于移动式电气设备的供电线路。

16. A。【解析】电动机过载后会出现如下现象:(1)电动机定子过电流。(2)电动机整机或局部过热。(3)电动机发出不正常的"嗡嗡"声。(4)电动机转速明显下降。(5)电动机及其所带的负载机械发生不应有的振动。(6)绕线式电动机电刷火花较大。

17. D。【解析】任一层建筑面积大于1 500 m^2或总建筑面积大于3 000 m^2的制鞋、制衣、玩具、电子等类似用途的厂房应设置火灾自动报警系统。

18. A。【解析】除不宜用水保护或灭火的仓库外,下列仓库应设置自动灭火系统,并宜采用自动喷水灭火系统:(1)每座占地面积大于1 000 m^2的棉、毛、丝、麻、化纤、毛皮及其制品的仓库。需要注意的是,单层占地面积不大于2 000 m^2的棉花库房,可不设置自动喷水灭火系统。(2)每座占地面积大于600 m^2的火柴仓库。(3)邮政建筑内建筑面积大于500 m^2的空邮袋库。(4)可燃、难燃物品的高架仓库和高层仓库。(5)设计温度高于0 ℃的高架冷库,设计温度高于0 ℃且每个防火分区建筑面积大于1 500 m^2的非高架冷库。(6)总建筑面积大于500 m^2的可燃物品地下仓库。(7)每座占地面积大于1 500 m^2或总建筑面积大于3 000 m^2的其他单层或多层丙类物品仓库。

19. C。【解析】按结构特点的不同,气体灭火系统分为单元独立灭火系统和组合分配灭火系统。

20. B。【解析】采用管网灭火系统时,一个防护区面积不宜大于800 m^2。

21. C。【解析】中压细水雾灭火系统是指系统额定工作压力大于或等于1.20 MPa且小于3.5 MPa的细水雾灭火系统。

22. D。【解析】建筑占地面积大于300 m^2的厂房和仓库应设置室内消火栓系统。

23. B。【解析】不同的灭火器,对有效喷射时间的要求也不同,但必须满足在最高使用温度条件下不得低于6 s。

24. A。【解析】用水灭火时往往是几种作用的共同结果,但冷却发挥着主要作用。

25. D。【解析】推车式灭火器的操作要领归纳为"一推,二拔,三展,四开,五扣,六射"。

26. D。【解析】消防安全重点单位应当按照灭火和应急疏散预案,至少每半年进行一次演练。其他单位应当结合本单位实际,至少每年组织一次演练。

27. C。【解析】保护火灾现场的目的是使火灾调查人员发现、提取到客观、真实、有效的火灾痕迹、物证,确保火灾原因认定的准确性。

28. A。【解析】计算机输出设备有显示器、打印机、绘图仪、投影仪、音箱等。

29. A。【解析】容量是指硬盘能存放的信息量,以字节为单位,用英文字母B表示。

30. C。【解析】系统软件包括操作系统、语言处理程序、服务程序等,应用软件包括文字处理软件、压缩软件、音频视频处理软件、电子书阅读软件等。

31. B。【解析】.doc表示Word文件。

32. D。【解析】通配符"*"代表任意字符(0个或多个),"?"代表一个字符。

33. C。【解析】在Excel 2010中,某单元格所在的行以数字命名,列以大写字母命名。

34. C。【解析】Excel 2010中的表格在打印时可能会出现同一行跨页等问题,用户可通过"分页预览"界面直接调整打印格式。

35. A。【解析】双绞线是局域网中常用的传输介质。

36. D。【解析】调制解调器可以实现数字信号与模拟信号的转换。

37. A。【解析】劳动合同是劳动者与用人单位确立劳动关系、明确双方权利和义务的法律形式(协议)。

38. A。【解析】《中华人民共和国劳动法》规定,国家确定职业分类,对规定的职业制定职业技能标准,实行职业资格证书制度,由经备案的考核鉴定机构负责对劳动者实施职业技能考核鉴定。

39. B。【解析】《中华人民共和国消防法》规定,国务院住房和城乡建设主管部门规定应当申请消防验收的建设工程竣工,建设单位应当向住房和城乡建设主管部门申请消防验收。

40. B。【解析】住宅区的物业服务企业应当对管理区域内的共用消防设施进行维护管理,提供消防安全防范服务。

41. A。【解析】消防控制室图形显示装置应能显示建筑总平面布局图、每个保护对象的建筑平面图、系统图等。

42. D。【解析】重复启闭预作用自动喷水灭火系统适用于要求灭火后必须及时停止喷水,减少不必要水渍损失的场所。

43. C。【解析】水力警铃是一种能发出声响的水力驱动报警装置,安装在报警阀组的报警管路上,是报警阀组的主要组件之一。

44. C。【解析】机械加压送风机可采用中、低压离心风机或轴流风机。

45. D。【解析】剩余电流式电气火灾监控探测器以设置在低压配电系统首端为基本原则,宜设置在第一级配电柜(箱)的出线端;在供电线路泄漏电流大于500 mA时,宜设置在其下一级配电柜(箱)。剩余电流式电气火灾监控探测器不宜设置在IT系统配电线路和消防配电线路中。剩余电流互感器用于检测通过互感器铁心的主电路的剩余电流(触电、漏电等接地故障电流),是剩余电流式电气火灾监控探测器的核心测量部件。

46. C。【解析】当被保护线路剩余电流达到报警设定值(可自行设定,要求设定范围在20 ~ 1 000 mA)时,剩余电流式电气火灾监控探测器应能在30 s内发出报警信号,点亮报警指示灯,向电气火灾监控设备发送报警信号。

47. B。【解析】集中火灾报警系统中,触发火灾监管设备向集中火灾报警控制器发出监管信号。

48. A。【解析】通过“设备查看”方式判别现场消防设备工作状态时,在位图显示方式下,T为报警类型,X为消火栓按钮,J为监管类型,B为消防广播。

49. C。【解析】判别现场消防设备工作状态时,回路配接设备在列表显示方式下,第一列为回路-地址以及设备所在的X和Y分区,第二列为描述信息和楼层位置等信息,第三列为设备类型以及对应的盘号键值,第四列为当前状态。

50. A。【解析】总线控制盘的手动锁处于“禁止”状态时,工作指示灯处于红灯运行状态。

51. D。【解析】线型光束感烟火灾探测器是指应用光束被烟雾粒子吸收而减弱的原理探测火灾的线型感烟探测器,包括发射器和接收器两部分。发射器和接收器相对安装,当探测器光路上出现烟雾时,会使到达接收器的信号减弱。当减光率达到预设值时,探测器就会产生报警信号。线型光束感烟火灾探测器分为激光光束线型感烟火灾探测器和红外光束线型感烟火灾探测器两种类型,目前广泛使用的是红外光束线型感烟火灾探测器。红外光束线型感烟火灾探测器又分为对射型和反射型两种。

52. B。【解析】测试线型缆式感温火灾探测器火灾报警、故障报警功能时,在距离终端盒0.3 m以外的部位,使用温度不低于54 ℃的热水持续对线型缆式感温火灾探测器的感温电缆进行加热,线型缆式感温火灾探测器应在30 s内发出火灾报警信号。

53. B。【解析】具有接收火灾报警控制器传来的火灾探测器、手动火灾报警按钮及其他火灾报警触发器件的故障信号的火灾显示盘,应在火灾报警控制器发出故障信号后3 s内发出故障声、光信号,并指示故障发生部位。

54. B。【解析】在消防泵组电气控制柜的主/备泵切换功能中,当主泵发生故障时,备用泵自动延时投入,水泵启动时间不应大于2 min。

55. B。【解析】消防应急广播主机是进行应急广播的主要设备,非事故情况下也可通过外部输入音源信号(如CD/MP3播放器、调谐器等)进行背景音乐广播。消防应急广播主机应设置在消防控制室内,可以组合安装在柜式或琴台式的火灾报警控制柜内。

56. B。【解析】为保证疏散通道不受烟气侵害,使人员能够安全疏散,发生火灾时,加压送风应做到:防烟楼梯间压力 > 前室压力 > 走道压力 > 房间压力。

57. A。【解析】排烟口、常闭送风口可通过以下方式控制:(1)通过火灾自动报警系统自动启动。(2)消防控制室手动操作。(3)现场手动操作。

58. A。【解析】防火卷帘手动按钮盒底边距地高度宜为1.3 ~ 1.5 m。

59. D。【解析】防火门监控模块主要用于实时监控和反馈防火门的工作状态,接收控制指令后控制常开防火门关闭,一般安装在防火门附近。

60. B。【解析】防火门监控器上自检键的功能是用于对监控器音响部件及状态指示灯、显示屏进行功能检查,以判断其是否正常工作。

61. C。【解析】消防应急照明和疏散指示系统类型的选择符合以下要求:(1)设置消防控制室的场所应选择集中控制型系统。(2)设置火灾自动报警系统但未设置消防控制室的场所宜选择集中控制型系统。(3)其他场所可选择非集中控制型系统。

62. D。【解析】电气火灾监控器的保养项目包括:(1)外壳外观保养。(2)指示灯保养。(3)显示屏保养。(4)开关、按键保养。(5)打印机保养。(6)接线保养。

63. C。【解析】消防增(稳)压设施中的气压罐及供水附件的保养要求包括:(1)组件齐全,固定牢靠。(2)外观无损伤、锈蚀。(3)法兰及管道连接处无渗漏,进出水阀门启闭状态正确。(4)压力表当前指示正常,稳压泵启停压力设定正确,联动启动消防主泵功能正常。(5)出水水质符合要求。

64. C。【解析】火灾时,为防止灭火时的消防积水淹没消防电梯导致消防电梯失去功能,消防电梯的井底应设置排水设施,排水井的容量不应小于 2 m^3,排水泵的排水量不应小于 10 L/s。消防电梯间前室的门口宜设置挡水设施。

65. A。【解析】更换火灾自动报警系统组件的操作步骤顺序为:(1)接通电源,使火灾自动报警系统中组件处于故障状态。(2)确定故障点位置。(3)查找故障原因。(4)更换组件。(5)功能检查。(6)填写《建筑消防设施故障维修记录表》。

66. D。【解析】玻璃球喷头的公称动作温度为 57 ℃、68 ℃、79 ℃、93 ℃时,分别对应的工作液色标为橙色、红色、黄色、绿色。

67. D。【解析】湿式报警阀组漏水,经检查是报警管路警铃试验阀处渗漏,维修方法如下:警铃试验阀连接不严密的,重新安装;警铃试验阀损坏的,予以更换。

68. D。【解析】消防水池(水箱)没水或漏水的原因包括:(1)排污管(放空管)、出水管管路渗漏。(2)排污管(放空管)上控制阀未关闭。(3)消防水池(水箱)腐蚀或锈蚀。(4)进水管浮球阀或液位控制阀损坏,无法进水。

69. D。【解析】稳压泵漏水的维修方法有:(1)更换密封圈。(2)检查设施-管道接口渗漏点,管道接口锈蚀、磨损严重的,更换管道接口相关部件。(3)维修或更换控制阀。

70. A。【解析】消防应急照明和疏散指示系统主电故障报警是指主电工作指示灯熄灭,系统故障工作灯点亮,应急照明控制器主机报出主电故障。

71. D。【解析】防火门关闭后无反馈信息的故障原因包括:(1)电动闭门器滑槽内的信号反馈装置调试不到位或损坏。(2)未安装门磁开关或门磁开关损坏。(3)接线不正确。(4)监控模块损坏。

72. D。【解析】防火卷帘运行时噪声大的原因包括:(1)五金件安装不牢固。(2)帘面走位。(3)未涂覆润滑油。

73. B。【解析】防火门关闭后挡烟性能差的维修方法有:(1)用不燃材料填充缝隙和孔洞,并达到耐火极限要求。(2)重新安装防火门密封条。(3)更换符合要求的密封条。

74. D。【解析】更换消火栓按钮的操作步骤中,最后一步是记录维修情况,并清理作业现场。

75. C。【解析】室内消火栓系统给水管网振动大,发出异响、噪声的维修方法主要有:(1)泵出口处改用柔性连接。(2)排查异响部位,对松动支/吊架进行加固或维修。(3)立管最高处增设自动排气阀。(4)对照设计文件检查管径大小,不符合要求的予以更换。

76. A。【解析】水压试验压力应按灭火器铭牌标志上规定的水压试验压力值进行,保压 1 min。

77. C。【解析】水基型灭火器超过出厂时间 6 年应报废。

78. D。【解析】风机运行噪声过大的原因包括:(1)叶轮与机壳摩擦。(2)轴承部件磨损,间隙过大。(3)转速过高。

79. B。【解析】风阀启闭状态不正确的维修方法主要有:(1)及时复位风阀。(2)更换温感器后正确启闭风阀。(3)检查棘轮、棘齿脱扣原因,发现咬合处磨损严重、弹簧弹力不足等问题的,更换相关零件。

80. D。【解析】关于火灾报警控制器的检测方法,在断路故障报警期间,采用发烟装置或温度不低于 54 ℃的热源,先后向同一回路中两个火灾探测器施放烟气或加热,查看火灾报警控制器的火警信号、报警部位显示及记录。

81. C。【解析】火灾探测器的检测内容主要是试验报警功能。

82. C。【解析】线型感温火灾探测器在保护电缆、堆垛等类似保护对象时,应采用接触式布置。

83. D。【解析】火灾报警控制器、火灾显示器、消防联动控制器等控制器设备在墙上安装时,其主显示屏高度宜为 1.5~1.8 m,其靠近门轴的侧面距墙不应小于 0.5 m。

84. B。【解析】测试火灾自动报警系统组件功能的操作准备事项包括:(1)火灾自动报警系统。(2)加烟器、感温探测器功能试验器、测量范围为0~120 dB(A 计权)的声级计、测量范围为 0~500 lx 的照度计和秒表。(3)火灾自动报警系统图,设置火灾自动报警系统的建筑平面图,消防设备联动逻辑说明或设计要求,设备的使用说明书,《建筑消防设施检测记录表》。

85. C。【解析】消防联动控制器应具有发出联动控制信号强制所有电梯停于首层或电梯转换层的功能。

86. A。【解析】火灾自动报警系统接地装置的接地电阻值应符合规定:采用专用接地装置时,接地电阻值不应大于4 Ω;采用共用接地装置时,接地电阻值不应大于1 Ω。

87. D。【解析】当水流指示器入口前设置控制阀时,应采用信号阀,两者之间的距离不宜小于300 mm。

88. C。【解析】干式系统一个报警阀组控制的洒水喷头数不宜超过500只,湿式系统不宜超过800只。

89. B。【解析】湿式、干式自动喷水灭火系统中配水干管、配水管应做红色或红色环圈标识。红色环圈标识宽度不应小于20 mm,间隔不宜大于4 m,在一个独立的单元内环圈标识不宜少于2处。

90. B。【解析】干式自动喷水灭火系统组件功能测试时,测试配水管道充水时间应不大于1 min。

91. B。【解析】需要火灾自动报警系统联动控制的消防设备,其联动触发信号应采用两个独立的报警触发装置报警信号的"与"逻辑组合。

92. B。【解析】在消防控制室应能显示消防应急广播的广播分区的工作状态。

93. C。【解析】消防应急广播系统的联动控制信号由消防联动控制器发出,当确认火灾后,应同时向全楼进行广播。

94. B。【解析】除设置在仓库连廊、冷库穿堂或谷物筒仓工作塔内的消防电梯外,消防电梯应设置前室,前室或合用前室的门应采用乙级防火门。

95. D。【解析】疏散照明的地面照度不应低于0.5 lx。

96. D。【解析】防火卷帘卷门机安装质量要求如下:(1)卷门机应按产品说明书要求安装,且应牢固可靠。(2)卷门机应设有手动拉链和手动速放装置,其安装位置应便于操作,并应有明显标识。手动拉链和手动速放装置不应加锁,且应采用不燃或难燃材料制作。

97. B。【解析】储存室外消防用水的消防水池的取水口(井)与甲、乙、丙类液体储罐等构筑物的距离不宜小于40 m。

98. D。【解析】室内消火栓给水管网宜与自动喷水等其他水灭火系统的管网分开设置;当合用消防水泵时,供水管路应沿水流方向在报警阀前分开设置。

99. C。【解析】管道穿过墙体或楼板时应加设套管,套管长度不应小于墙体厚度,或应高出楼面或地面50 mm。

100. B。【解析】防烟排烟系统中,吊顶内的排烟管道应采用不燃材料隔热,并应与可燃物保持不小于150 mm的距离。

二、多项选择题

1. AB。【解析】在时间或空间上失去控制的燃烧,称为火灾。

2. ABC。【解析】生产的火灾危险性为甲类的物质包括:(1)闪点小于28 ℃的液体。(2)爆炸下限小于10%的气体。(3)常温下能自行分解或在空气中氧化能导致迅速自燃或爆炸的物质。(4)常温下受到水或空气中水蒸气的作用,能产生可燃气体并引起燃烧或爆炸的物质。(5)遇酸、受热、撞击、摩擦、催化以及遇有机物或硫黄等易燃的无机物,极易引起燃烧或爆炸的强氧化剂。(6)受撞击、摩擦或与氧化剂、有机物接触时能引起燃烧或爆炸的物质。(7)在密闭设备内操作温度不小于物质本身自燃点的生产。

3. CE。【解析】剧场、电影院、礼堂需设置在其他民用建筑内时,至少应设置1个独立的安全出口和疏散楼梯,并应符合下列规定:(1)应采用耐火极限不低于2.00 h的防火隔墙和甲级防火门与其他区域分隔。(2)设置在一、二级耐火等级的建筑内时,观众厅宜布置在首层、二层或三层;确需布置在四层及以上楼层时,一个厅、室的疏散门不应少于2个,且每个观众厅的建筑面积不宜大于400 m^2。(3)设置在三级耐火等级的建筑内时,不应布置在三层及以上楼层。(4)设置在地下或半地下时,宜设置在地下一层,不应设置在地下三层及以下楼层。

4. AB。【解析】纸面石膏板、水泥刨花板均属于B_1级墙面装修材料,印刷木纹人造板、胶合板和墙布均属于B_2级墙面装修材料。

5. ACD。【解析】电气技术文字符号分为基本文字符号和辅助文字符号两类。基本文字符号主要表示电气设备、装置和元器件的种类名称,分为单字母符号和双字母符号。

6. ABCDE。【解析】防止电缆火灾发生与阻燃的对策包括:(1)远离热源和火源。(2)封堵电缆孔洞。(3)防火分隔。(4)防止电缆因故障而自燃。(5)设置自动报警与灭火装置。

7. ABCE。【解析】图书或文物的珍藏库,每座藏书超过50万册的图书馆,重要的档案馆应设置火灾自动报警系统。

8. ABC。【解析】全淹没气体灭火系统适用于扑救液体火灾,灭火前能切断气源的气体火灾,电气火灾,固体表面火灾。全淹没气体灭火系统不适用于扑救可燃固体物质的深位火灾,硝酸钠、硝化纤维等氧化剂或氧化剂的化学制品火灾,能自行分解的化学物质火灾,氢化钠、氢化钾等金属氢化物火灾,钠、钾、镁等活泼金属火灾。

9. CDE。【解析】按控制方式,固定消防炮灭火系统可分为远控消防炮系统、手动消防炮系统、智能型消防炮系统。

10. BCDE。【解析】除建筑高度小于27 m的住宅建筑外,民用建筑、厂房和丙类仓库的下列部位应设置疏散照明:(1)封闭楼梯间、防烟楼梯间及其前室、消防电梯间的前室或合用前室、避难走道、避难层(间)。(2)观众厅、展览厅、多功能厅和建筑面积大于200 m^2的营业厅、餐厅、演播室等人员密集场所。(3)建筑面积大于100 m^2的地下或半地下公共活动场所。(4)公共建筑内的疏散走道。(5)人员密集的厂房内的生产场所及疏散走道。

11. ABCD。【解析】手提式灭火器操作时的注意事项包括:(1)使用干粉灭火器前,要先将灭火器上下颠倒几次,使筒内干粉松动。使用过程中,灭火器应始终保持竖直状态,避免颠倒或横卧造成灭火剂无法正常喷射。有喷射软管的灭火器或贮压式灭火器在使用时,一手应始终压下压把,不能放开,否则喷射会中断。(2)使用二氧化碳灭火器灭火时,手一定要握在喷筒木柄处,接触喷筒或金属管要戴防护手套,以防局部皮肤被冻伤。(3)扑救可燃液体火灾时,应避免灭火剂直接冲击燃烧液面,防止可燃液体流散扩大火势。(4)扑救火灾时,应由近及远喷射灭火剂,直至灭火。(5)扑救电气火灾时,应先断电后灭火。

12. ABE。【解析】硬盘分为固态硬盘(SSD盘)、机械硬盘(HDD盘)和混合硬盘(HHD盘)。

13. AB。【解析】文字处理软件是办公软件的一种,用于文字的格式化和排版,常用的中文文字处理软件有微软公司的Word、金山公司的WPS等。

14. ABC。【解析】Word 2010界面中的快速访问工具栏是用户自定义的快捷工具栏,默认情况下为“保存”“撤销”和“恢复”三个命令按钮。

15. ABCDE。【解析】劳动合同一般包括以下七项必备条款:劳动合同期限;工作内容;劳动保护和劳动条件;劳动报酬;劳动纪律;劳动合同终止的条件;违反劳动合同的责任。

16. ABCDE。【解析】《自动喷水灭火系统设计规范》(GB 50084)不适用于火药、炸药、弹药、火工品工厂、核电站及飞机库等特殊功能建筑中自动喷水灭火系统的设计。

17. ABCD。【解析】消防控制室图形显示装置应具有火灾报警和消防联动控制的历史记录功能,记录应包括报警时间、报警部位、复位操作、消防联动设备的启动和动作反馈等信息。

18. BCDE。【解析】湿式、干式自动喷水灭火系统主要由闭式喷头、报警阀组、水流报警装置(水流指示器或压力开关)等组件,以及管道和供水设施等组成。干式自动喷水灭火系统由于在准工作状态时配水管道内充满用于启动系统的有压气体,因此还应设置充气和气压维持装置。

19. ADE。【解析】排烟防火阀平时呈开启状态,排烟阀平时呈关闭状态并满足漏风量要求,排烟口通常设置在防烟分区内需要排烟的走道、房间的顶棚或靠近顶棚的墙面上。

20. ABC。【解析】判别现场消防设备工作状态时,设备信息查看的方式包括设备查看、分类查看和分区查看三种方式。

21. ABC。【解析】线型感温火灾探测器按动作性能可分为定温、差温和差定温线型感温火灾探测器。按探测报警功能可分为探测型和探测报警型线型感温火灾探测器。

22. ABCDE。【解析】火灾显示盘应具有火灾报警显示、故障显示、自检、信息显示与查询、电源等功能。

23. AB。【解析】消防电话系统由消防电话总机、消防电话分机、消防电话插孔、消防电话手柄和专用消防电话线路组成,分为总线制和多线制两种形式。

24. ABCDE。【解析】风机电气控制柜的功能包括指示功能、转换功能、风机启/停功能,有的风机控制柜还设有电压指示、电流指示、故障指示、报警、保护等功能。

25. AB。【解析】《防火门监控器》(GB 29364)对指示灯颜色作出了统一规定。其中,红色用于指示启动信号、电动闭门器和电磁释放器的动作信号及门磁开关的反馈信号;黄色用于指示故障、自检状态;绿色用于指示电源工作状态和电磁释放器的反馈信号。

26. BD。【解析】在保养电气火灾监控器时,如果检查线路接头处发现有氧化或锈蚀痕迹,则应采取防潮、防锈措施,如镀锡和涂抹凡士林等。

27. BCDE。【解析】消防泵房的防淹没措施包括:(1)设置排水沟。(2)设置挡水门槛。(3)设置集水坑。(4)水泵基础高200 mm。

28. CD。【解析】线型感烟火灾探测器工作灯不亮的原因主要包括:(1)探测器自身老化损坏。(2)供电线路发生故障。

29. ABCDE。【解析】干式报警阀自动滴水阀滴漏不止的维修方法主要有:(1)完全关闭注水阀。

(2)更换密封圈。(3)清除阀座上的异物。(4)无法修理的及时更换。(5)关严或更换警铃试验阀。

30. ABCD。【解析】消防电话系统、消防应急广播系统确定故障点位置的操作有:根据火灾报警控制器显示的故障信息,对照系统平面布置图,确定故障部件的设置部位,并记录故障器件的编码。

31. ABCD。【解析】主电故障报警维修方法有:检查输入电源是否完好,交流电源电压是否为180~250 V,检查主电熔丝有无熔断,若已熔断,应更换满足要求的熔丝;检查接触是否不良等,若接线端子或接头松动,应重新连接紧固;若接头处有氧化或锈蚀痕迹,可断开接点,用细砂纸磨掉或用电工刀刮掉氧化层,镀锡和涂抹凡士林后,再重新连接紧固。

32. BD。【解析】室外消火栓系统按用途可分为独立管网的消火栓系统和合用管网的消火栓系统。

33. BCDE。【解析】灭火器维修工作包括维修前检查、拆卸灭火器、灭火剂回收处置、受压零部件的水压试验、零部件更换、再充装、报废与回收处置、质量检验等活动。

34. ABCDE。【解析】风机运行振动剧烈的原因包括:(1)叶轮变形或不平衡。(2)轴承磨损或松动。(3)风机轴与电动机轴不同心。(4)叶轮定位螺栓或夹轮螺栓松动。(5)叶片质量不对称或部分叶片磨损、腐蚀。(6)叶片上附有不均匀的附着物。(7)基础螺栓松动,引起共振。

35. ABCE。【解析】检查火灾报警控制器时,查看火灾报警控制器声、光显示器件(发光二极管、数码管、液晶屏等)、指示灯功能应正常,系统显示时钟与北京时间应无误差,打印机处于开启状态。观察火警、监管、故障、屏蔽指示灯应处于熄灭状态,控制器应处于无火灾报警、监管报警、故障报警状态,控制器未屏蔽有关火灾探测器等。

36. AC。【解析】对火灾警报装置进行功能测试时,触发同一报警区域内两只独立的火灾探测器或一只火灾探测器与一只手动火灾报警按钮,启动需测试的火灾警报装置。

37. ABE。【解析】检查湿式、干式自动喷水灭火系统管网安装情况时,通过目测、尺量和敲击等方式,检查管道支架、吊架、防晃支架的设置情况和安装质量。

38. ABCD。【解析】在消防设备末端配电装置外壳上的明显位置应设置产品铭牌。产品铭牌内容应至少包括:产品名称、规格型号、产品编号、额定电压、额定电流、防护等级、执行标准、制造日期、生产单位名称或商标等。

39. ABC。【解析】消防应急照明和疏散指示系统检测方法有:(1)系统检测前,应按设计文件核查系统部件的规格、型号、数量、备品备件的数量,以确保系统部件的规格、型号、数量、备品备件与设计文件一致。(2)系统各组件、设备的永久性铭牌和按规定设置的标识,其文字和数据应齐全,符号应清晰,色标应正确。系统组件、设备、线槽、支/吊架等应完好无损、无锈蚀,导线和电缆的连接、绝缘性能、接地电阻等应符合设计要求。检测用的仪器、仪表等,应按国家现行有关规定计量检定合格。

40. ABD。【解析】当埋地管直径不小于DN100时,应在管道弯头、三通和堵头等位置设置钢筋混凝土支墩。

三、判断题

1. ×。【解析】消防设施操作员国家职业技能标准以"职业活动为导向、职业技能为核心"为指导思想,对消防设施操作员从业人员的职业活动内容进行规范细致描述,对各等级从业者的技能水平和理论知识水平进行了明确规定。

2. √。

3. ×。【解析】外部引火源作用于可燃物的某个局部范围,使该局部受到强烈加热而开始燃烧的现象,称为引燃(又称点燃)。

4. √。

5. ×。【解析】建筑与储罐、堆场的防火间距,为建筑外墙至储罐外壁或堆场中相邻堆垛外缘的最近水平距离。

6. √。

7. ×。【解析】高层建筑的裙房和建筑高度不超过32 m的二类高层建筑,建筑高度大于21 m且不大于33 m的住宅建筑,高层厂房和甲、乙、丙类多层厂房,其疏散楼梯间应采用封闭楼梯间。

8. ×。【解析】建筑厨房内顶棚、墙面和地面应采用A级的装修材料。

9. ×。【解析】根据使用场所的潮湿、化学腐蚀、高温等环境因素及额定电压要求,选择适宜的电线电缆。同时根据系统的载荷情况,合理地选择导线截面,在经计算所需导线截面基础上留出适当增加负荷的余量,应符合:按敷设方式、环境条件确定的导体截面,其导体载流量不应小于计算电流。

10. ×。【解析】静电中和器是能产生电子和离子的装置,主要用来中和非导体上的静电。尽管不一定能把带电体上的静电完全中和掉,但可中和至安全范围以内。

11. √。

12. ×。【解析】组合分配灭火系统是指用一套灭火剂储存装置保护两个及两个以上防护区或保护对象的灭火系统。

13. ×。【解析】闭式细水雾灭火系统的工作原理与闭式自动喷水灭火系统相同。
14. ×。【解析】排烟系统是指采用自然排烟或机械排烟的方式,将房间、走道等空间的火灾烟气排至建筑物外的系统。
15. ×。【解析】逃生绳直径不得小于 8 mm,最小破断强度应不小于 10 kN。
16. ×。【解析】二氧化碳灭火剂的灭火作用主要在于窒息,其次是冷却。
17. √。
18. ×。【解析】外存储器一般断电后仍然能保存数据。
19. √。
20. ×。【解析】每一个文件夹对应一块磁盘空间,提供了指向对应空间的地址,它没有扩展名。
21. ×。【解析】在 Word 2010 中设置行距时,如果选择“多倍行距”,则行距与当前字号有关,字号越大,行距越大。
22. ×。【解析】专用网是某个行业或部门为满足本单位业务工作组建的网络。
23. √。
24. √。
25. ×。【解析】一般说来,火灾自动报警系统控制器的主、备电开关位于火灾自动报警系统控制器的背面,打开控制器背板,可以看到主电开关和备电开关。
26. ×。【解析】干式自动喷水灭火系统应采用干式报警阀组,准工作状态时配接的配水管道内充满用于启动系统的有压气体。
27. √。
28. √。
29. ×。【解析】总线控制盘操作面板上每个操作按钮分别对应一个启动指示灯和一个反馈指示灯,分别用于提示按钮状态、显示设备运行状态。
30. ×。【解析】线型感温火灾探测器按定位方式可分为分布定位和分区定位线型感温火灾探测器。
31. ×。【解析】只有具有故障显示功能的火灾显示盘设有专用故障总指示灯。
32. ×。【解析】消防泵组电气控制柜应具有机械应急启动功能,在控制柜内的控制线路发生故障时可由具有管理权限的人员在紧急时启动消防水泵。
33. ×。【解析】处于通话状态的消防电话总机,当有其他消防电话分机呼入时,发出声、光呼叫指示信号,通话不受影响。
34. √。
35. ×。【解析】发生火灾时,垂直式防火卷帘可自动关闭,侧向式防火卷帘和水平式防火卷帘不能自动关闭。
36. ×。【解析】应急照明控制器的主电源应由消防电源供电,控制器的自带蓄电池电源应至少使控制器在主电源中断后工作 3 h。
37. ×。【解析】如果发现线型光束感烟火灾探测器的发射、接收窗口及反射器表面被灰尘或者油污污染,注意不要使用水(水难以清理油污)及其他化学药剂(可能损坏表面材料)除污。
38. ×。【解析】在消防增(稳)压设施的保养方法中,利用测试管路泄压,观察稳压泵自动启停和运转情况;再次泄压,观察稳压泵交替运行情况。
39. ×。【解析】更换点型(感烟、感温)火灾探测器的方法为:逆时针旋转点型(感烟、感温)火灾探测器,将探测器部分与底座脱离。
40. √。
41. √。
42. √。
43. √。
44. ×。【解析】干式消火栓系统的充水时间不应大于 5 min。
45. ×。【解析】室内消火栓系统给水管网振动大,发出异响、噪声,可能是消火栓泵出口未采用柔性连接。
46. √。
47. √。
48. √。
49. ×。【解析】手动火灾报警按钮的检测方法是触发手动火灾报警按钮,查看火灾报警控制器火警信号显示和按钮的报警确认灯。先复位手动按钮,后复位火灾报警控制器,查看火灾报警控制器火警信号显示和按钮的报警确认灯情况。
50. √。
51. √。
52. ×。【解析】火灾报警控制器与其外接备用电源之间应直接连接。
53. √。
54. ×。【解析】消防联动控制器联动控制排烟口、排烟窗或排烟阀的开启,联动控制排烟风机的启动,同时停止该防烟分区的空气调节系统。
55. √。
56. √。
57. √。
58. ×。【解析】消防应急广播系统应与火灾声警报器分时交替工作。
59. √。
60. √。

消防设施操作员（中级）

全真模拟(一)

一、单项选择题(100 题,每题 0.5 分,共 50 分。每题有 4 个选项,其中只有 1 个是正确的,请将正确答案的代号填写在横线空白处)

1. ________就是要以高度负责的职业道德精神,在本岗位上尽职尽责,时刻做好为消防事业献出生命的准备。

A. 遵纪守法　　B. 英勇顽强

C. 爱岗敬业　　D. 忠于职守

2. 消防是指火灾预防和________等的统称。

A. 火灾治理　　B. 灭火救援

C. 监督预防　　D. 应急管理

3. 可燃粉尘的爆炸极限一般用________表示。

A. 重量　　B. 百分比

C. 单位体积的质量　　D. 质量

4. 本题中________火灾属于 D 类火灾。

A. 甲烷气体　　B. 铝镁合金

C. 花生油　　D. 电视机

5. 室内通风不良、燃烧处于缺氧状态时,由于氧气的引入导致热烟气发生的爆炸性或快速的燃烧现象,称为________。

A. 回燃　　B. 轰燃

C. 自燃　　D. 爆炸

6. ________是指在标准耐火试验条件下,承重建筑构件在一定时间内抵抗坍塌的能力。

A. 耐火完整性　　B. 耐火隔热性

C. 耐火稳定性　　D. 耐火密闭性

7. 耐火等级为三级的乙类仓库最多允许层数为________层。

A. 1　　B. 2

C. 3　　D. 4

8. 甲、乙类厂房与单、多层民用建筑间的防火间距不应小于________ m。

A. 25　　B. 30

C. 40　　D. 50

9. 消防车道靠建筑外墙一侧的边缘距离建筑外墙不宜小于________ m。

A. 4　　B. 5

C. 8　　D. 10

10. 下列关于消防控制室平面布置的描述,错误的是________。

A. 宜在首层或地下一、二层靠外墙部位

B. 应采用耐火极限不低于 2.00 h 的防火隔墙和 1.50 h 的不燃性楼板与其他部位分隔,疏散门应直通室外或安全出口

C. 不应设置在电磁场干扰较强及其他可能影响消防控制设备正常工作的房间附近

D. 严禁与消防控制室无关的电气线路和管路穿过

11. 一、二级耐火等级建筑内疏散门或安全出口不少于2个的观众厅、展览厅、多功能厅、餐厅、营业厅等,其室内任一点至最近疏散门或安全出口的直线距离不应大于__________ m。

A. 15 B. 25

C. 30 D. 40

12. 某商店营业厅布置在高层民用建筑的首层及二层,其总建筑面积为3 200 m^2,营业厅的地面、隔断、固定家具、窗帘的装修材料燃烧性能等级分别不应低于__________。

A. A级、A级、B_1级、B_2级 B. A级、B_1级、B_1级、B_2级

C. B_1级、B_1级、B_1级、B_1级 D. B_1级、B_1级、B_1级、B_2级

13. 电路中任一闭合路径称为__________。

A. 支路 B. 回路

C. 网孔 D. 节点

14. 用于测量电路中电流的仪表称为__________。

A. 电流表 B. 电压表

C. 电度表 D. 欧姆表

15. 电缆头在投入运行前要做耐压试验,测量出的绝缘电阻应与电缆头制作前后没有大的差别,其绝缘电阻值一般在__________ MΩ以上。

A. 30 B. 40

C. 50 D. 60

16. 高温灯具与可燃物之间的安全距离不应小于__________ m。

A. 0.3 B. 0.4

C. 0.5 D. 0.6

17. 座位数超过__________个的体育馆应设置火灾自动报警系统。

A. 1 500 B. 2 000

C. 2 500 D. 3 000

18. __________适用于环境温度低于4 ℃或高于70 ℃的场所。

A. 湿式系统 B. 干式系统

C. 预作用系统 D. 水幕系统

19. 按加压方式的不同,气体灭火系统分为__________。

A. 管网灭火系统和预制灭火系统

B. 全淹没气体灭火系统和局部应用气体灭火系统

C. 单元独立灭火系统和组合分配灭火系统

D. 自压式、内储压式和外储压式气体灭火系统

20. 气体灭火系统的防护区宜以__________划分。

A. 围栏 B. 四周封闭的墙

C. 有限封闭空间 D. 单个封闭空间

21. 细水雾灭火系统不适用于__________。

A. 可燃固体火灾 B. 可燃液体火灾

C. 可燃固体深位火灾 D. 电气火灾

22. __________分类,室内消火栓系统可分为独立消防给水系统和区域(集中)消防给水系统。

A. 按水压 B. 按给水范围

C. 按用途 D. 按管网状态

23. 中危险级 B 类火灾场所灭火器的单位灭火级别最大保护面积为__________ m^2/B。

A. 0.5　　B. 1

C. 1.5　　D. 2

24. 在使用推车式干粉灭火器灭火时，先将灭火器推拉至现场，在上风方向距离火源约__________ m 处做好喷射准备。

A. 2　　B. 5

C. 8　　D. 10

25. 在微型消防站的建立原则中，以救早、灭小和__________扑救初起火灾为目标。

A. 1 分钟到场　　B. 3 分钟到场

C. 5 分钟到场　　D. 10 分钟到场

26. 凡与火灾有关的留有痕迹物证的场所均应列入__________。

A. 保护范围　　B. 现场保护范围

C. 长期保护范围　　D. 永久保护范围

27. 计算机__________是指构成计算机的物理零部件。

A. 软件系统　　B. 硬件系统

C. 输入设备　　D. 输出设备

28. 显示器的主要性能指标不包括__________。

A. 分辨率　　B. 刷新频率

C. 扫描速度　　D. 响应时间

29. 1 MB = __________ KB。

A. 10　　B. 1 000

C. 1 024　　D. 2 048

30. 电子书文件类型一般为__________格式。

A. DOC　　B. EXE

C. PDF　　D. JPG

31. 复制的快捷键命令为__________。

A.【Ctrl】+【A】　　B.【Ctrl】+【C】

C.【Ctrl】+【X】　　D.【Ctrl】+【V】

32. Word 2010 是__________。

A. 文字处理软件　　B. 系统软件

C. 硬件　　D. 操作系统

33. 在 Word 2010 编辑状态，执行“复制”命令后，__________。

A. 被选择的内容将复制到光标处　　B. 被选择的内容将复制到剪贴板

C. 被选择的内容出现在复制内容之后　　D. 光标所在的段落内容被复制到剪贴板

34. 在 Word 2010 中，打印页码“2－6，8，16”表示打印的是__________。

A. 第 2 页，第 6 页，第 8 页，第 16 页　　B. 第 2 至 6 页，第 8 至 16 页

C. 第 2 至 6 页，第 8 页，第 16 页　　D. 第 2 页，第 6 页，第 8 至 16 页

35. 在 Excel 2010 中，默认保存后的工作簿扩展名是__________。

A. .xlsx　　B. .xls

C. .html　　D. .doc

36. __________用来表示互联网传输数据的能力，即在单位时间内通过的最高数据率。

A. 吞吐量　　B. 带宽

C. 时延　　D. 速率

37. 下列属于导向传输介质的是__________。

A. 光纤
B. 短波
C. 微波
D. 卫星

38. 电子邮箱的格式为__________。

A. 用户名@邮件服务器名
B. 邮件服务器名@用户名
C. IP 地址@邮件服务器名
D. 邮件服务器名@IP 地址

39.《中华人民共和国消防法》规定,建设、设计、施工、工程监理等单位依法对建设工程的__________负责。

A. 消防安全、施工质量
B. 消防安全、施工过程
C. 消防设计、施工质量
D. 消防设计、施工过程

40.《中华人民共和国消防法》规定,消防产品必须符合国家标准,没有国家标准的,必须符合__________。

A. 地方标准
B. 行业标准
C. 企业标准
D. 安全标准

41. 火灾自动报警系统的工作状态主要包括:主/备电工作状态、__________、设备反馈指示状态、设备启动指示状态、消音状态、屏蔽状态、系统故障状态等。(监控操作职业方向)

A. 缺电状态
B. 火警指示状态
C. 电话响应状态
D. 远程控制状态

42. 在湿式和干式自动喷水灭火系统中,__________担负着探测火灾、启动系统和喷水灭火的任务。(监控操作职业方向)

A. 开式喷头
B. 闭式喷头
C. 报警阀组
D. 末端试水装置

43. 湿式自动喷水灭火系统在发生火灾时,湿式报警阀开启,打通输水通道;水力警铃动作并发出声报警信号,该声响在 3 m 远处声强不低于__________ dB。(监控操作职业方向)

A. 50
B. 70
C. 90
D. 100

44. 机械加压送风系统的风道应采用__________材料制作。(监控操作职业方向)

A. 不燃
B. 难燃
C. 可燃
D. 易燃

45. 保护对象为 1 000 V 及以下的配电线路,测温式电气火灾监控探测器应采用__________。(监控操作职业方向)

A. 接触式布置
B. 非接触式布置
C. 光栅光纤测温式电气火灾监控探测器
D. 红外测温式电气火灾监控探测器

46. 当被探测线路在__________ s 内发生 14 个及以上半周期的故障电弧时,故障电弧探测器应能在 30 s 内发出报警信号,点亮报警指示灯,向电气火灾监控设备发送报警信号。(监控操作职业方向)

A. 1
B. 5
C. 10
D. 15

47. 触发火灾报警触发器件发出火灾报警信号,使集中火灾报警控制器处于火警状态,此时灯键指示板上的火警灯__________。(监控操作职业方向)

A. 点亮,黄色
B. 点亮,红色
C. 点亮,绿色
D. 不亮

48. 通过“设备查看”方式判别现场消防设备工作状态时,在位图显示方式下,J 为__________。

A. 报警类型　　B. 消火栓按钮

C. 监管类型　　D. 消防广播

49. 集中火灾报警控制器中的火警记录最多为__________条。

A. 200　　B. 500

C. 1 000　　D. 2 000

50. 如果总线控制盘手动控制单元中的“反馈”指示灯处于__________,表示现场设备启动信息没有反馈回来。

A. 闪烁状态　　B. 熄灭状态

C. 常亮状态　　D. 以上均不对

51. 无遮挡的大空间或有特殊要求的房间,宜选择__________。

A. 线型光束感烟火灾探测器　　B. 线型缆式感温火灾探测器

C. 线型光纤感温火灾探测器　　D. 线型定温火灾探测器

52. 测试线型缆式感温火灾探测器火灾报警、故障报警功能时,在距离终端盒 0.3 m 以外的部位,使用温度不低于 54 ℃的热水持续对线型缆式感温火灾探测器的感温电缆进行加热,线型缆式感温火灾探测器应在__________ s 内发出火灾报警信号。

A. 10　　B. 20

C. 30　　D. 60

53. 测试火灾显示盘功能时,下列操作错误的是__________。

A. 接通电源,使与火灾报警控制器连接的火灾显示盘处于正常运行状态

B. 测试火灾显示盘自检功能,按下面板的自检按钮,火灾显示盘自动对各种显示器件进行检查

C. 测试火灾显示盘故障报警功能。具有故障显示功能的火灾显示盘应设有专用故障总指示灯,当有故障信号存在时,该指示灯应点亮

D. 将具有故障显示功能的火灾显示盘所辖区域内任意一只感烟火灾探测器或感温火灾探测器从其底座上拆卸下来,火灾显示盘在火灾报警控制器发出故障信号后 10 s 内发出故障声、光信号,指示故障发生部位,红色故障指示灯点亮

54. 通过__________可远程手动启/停消防水泵。

A. 消防控制室多线控制盘　　B. 消防控制室总线联动

C. 高位消防水箱出水管流量开关　　D. 报警阀组压力开关

55. 下列关于消防应急广播分配盘的描述,错误的是__________。

A. 消防应急广播分配盘可以外接两个扩展键盘,用以增大控制区域数量

B. 消防应急广播分配盘可以同时接入两路功放

C. 可手动和自动控制应急广播分区,自动控制优先

D. 消防应急广播分配盘能自动巡检广播线断路、短路故障

56. 当火灾确认后,相应防烟分区的全部活动挡烟垂壁__________ s 以内应开启到位。

A. 15　　B. 30

C. 45　　D. 60

57. 下列关于风机电气控制柜转换功能的描述,错误的是__________。

A. 当手/自动转换开关处于“手动”位时,风机只能通过控制柜启/停按钮现场控制

B. 当手/自动转换开关处于“自动”位时,风机能够通过消防控制室远程手动和自动联动控制

C. 双电源转换开关处于“自动”位时,主电源发生故障,备用电源能自动投入使用,主电源恢复后自动切回主电源供电

D. 双电源转换开关处于“手动”位时,主电源发生故障,人工切换备用电源投入使用,主电源恢复后自动切回主电源供电

58. 下列关于疏散通道上设置的防火卷帘自动控制的描述,错误的是__________。

A. 由防火分区内任两只独立的感烟火灾探测器的报警信号联动控制防火卷帘下降至距楼板面1.8 m处

B. 任一只专门用于联动防火卷帘的感烟火灾探测器的报警信号联动控制防火卷帘下降至距楼板面1.8 m处

C. 任一只专门用于联动防火卷帘的感温火灾探测器的报警信号联动控制防火卷帘下降至距楼板面1.8 m处

D. 任一只专门用于联动防火卷帘的感温火灾探测器的报警信号联动控制防火卷帘下降到楼板面

59. 防火门监控器应能接收来自火灾自动报警系统的火灾报警信号,并在__________ s内向电动闭门器或电磁释放器发出启动信号。

A. 10　　B. 30

C. 60　　D. 100

60. 防火门监控器上用于消除当前监控器声报警信号,以便有新的故障信号输入时,监控器能再次发出声报警信号的按键是__________键。

A. 自动　　B. 自检

C. 消音　　D. 复位

61. 应急照明控制器接收到火灾报警控制器的火警信号后,应在__________ s内发出系统自动应急启动信号。

A. 1　　B. 3

C. 5　　D. 10

62. 消防控制室内集中火灾报警控制器、消防联动控制器、消防控制室图形显示装置及火灾显示盘的保养操作程序中,第一步是__________。

A. 用小毛刷将机柜(壳)内设备空隙和线材上的灰尘和杂质清扫出来,然后用吸尘器清理干净

B. 保养结束后,给控制器送电,用钥匙将箱门锁闭

C. 使用钥匙打开箱门,将控制器主、备电源切断

D. 填写《建筑消防设施维护保养记录表》

63. 在对消防设备末端配电装置中的断路器进行保养时,分合闸线圈直流电阻为__________ Ω。

A. 1　　B. 100

C. 160　　D. 161

64. 消防电梯挡水和排水设施保养时,要求排水泵的排水量不应小于__________ L/s。

A. 3　　B. 5

C. 10　　D. 20

65. 下列选项中不属于线型感烟火灾探测器常见故障现象的是__________。(检测维修保养职业方向)

A. 故障灯常亮　　B. 火警灯常亮

C. 工作灯不亮　　D. 工作灯常亮

66. 更换干式报警阀阀瓣密封圈的注意事项中的“减损失”是指__________。(检测维修保养职业方向)

A. 防止因消防水泵意外启动而造成不必要的损失

B. 更换作业应尽量减少管网用水的排放量

C. 关闭阀门时尽可能选择距离被更换件最近的阀门

D. 减少人员伤亡

67. 对于无法通过消防水泵接合器向室内管网供水的处置,不妥的一项是__________。(检测维修保养职业方向)
A. 按正确方向重新安装止回阀
B. 拆开止回阀清理后装回
C. 采取可靠的防冻措施
D. 正确设置给水系统和分区标识,根据拟供水系统正确选择消防水泵接合器
68. 对于稳压泵不能正常启动的维修方案错误的是__________。(检测维修保养职业方向)
A. 根据设计值重新设定稳压泵启泵压力
B. 检测和调整压力信号开关控制使正常启闭,不能修复的予以更换
C. 逐一检查控制模块,采用其他方式启动稳压泵,核定问题模块,予以修复或更换
D. 将控制模式设定为"手动"状态
69. 气压罐内供水量不足的正确维修方法不包括__________。(检测维修保养职业方向)
A. 关闭泄水阀门
B. 维修或更换控制阀
C. 根据气压罐设计值,检查并标定有效容积、水位及工作压力
D. 检查气压罐管路系统
70. 消防应急灯具线对地绝缘阻值应大于__________ MΩ。(检测维修保养职业方向)
A. 10　　B. 20
C. 30　　D. 50
71. 消防控制室无法联动控制防火卷帘的故障原因不包含__________。(检测维修保养职业方向)
A. 控制器发生故障　　B. 控制模块发生故障
C. 联动控制线路发生故障　　D. 手动按钮开关断路
72. 防火卷帘中的扬声器"嘟嘟"循环鸣叫,面板电源灯闪烁,故障灯常亮,是因为__________。(检测维修保养职业方向)
A. 排线没接好　　B. 没有接零线
C. 缺相、断电　　D. 未涂覆润滑油
73. 常开式防火门无法锁定在开启状态,错误的维修方法是__________。(检测维修保养职业方向)
A. 检修线路　　B. 更换监控模块
C. 更换滑槽　　D. 排查电源并进行维修或更换
74. 消火栓按钮启动后不启泵的原因不包括__________。(检测维修保养职业方向)
A. 消防泵组电气控制柜处于手动状态　　B. 缺电
C. 水泵损坏　　D. 缺水
75. 室内消火栓关闭时本体渗漏的维修方法不正确的是__________。(检测维修保养职业方向)
A. 更换阀瓣密封圈
B. 清除阀瓣异物,关严消火栓
C. 对照设计文件检查管径大小,不符合要求的予以更换
D. 对损伤部件进行维修或更换
76. 手提式干粉型灭火器超过出厂时间__________年应报废。(检测维修保养职业方向)
A. 3　　B. 5
C. 10　　D. 8
77. 关于手提式灭火器常见的故障描述,不正确的是__________。(检测维修保养职业方向)
A. 水基型灭火器超过出厂期满 3 年未做维修
B. 水基型灭火器超过出厂时间 6 年未作报废

C. 干粉型灭火器超过出厂期满6年未做维修

D. 干粉型灭火器超过出厂时间10年未作报废

78. 任一常闭风口开启时,风机不能自动启动的原因不包括__________。(检测维修保养职业方向)

A. 未按要求设置连锁控制线路

B. 风机控制柜处于"自动"状态

C. 风机及控制柜发生故障

D. 控制线路发生故障

79. 防烟排烟系统中的风阀启闭状态不正确的原因不包括__________。(检测维修保养职业方向)

A. 误操作后未及时复位

B. 设有温感器的风阀,温感器损坏脱落

C. 执行器棘轮、棘齿脱扣

D. 未满足与逻辑

80. 在对火灾报警控制器进行检测时,用__________测量火灾报警控制器的联动输出信号。(检测维修保养职业方向)

A. 测电笔

B. 消防设备编码器

C. 发烟装置

D. 万用表

81. 每个报警区域内应均匀设置火灾警报器,其声压级不应小于__________ dB。(检测维修保养职业方向)

A. 45

B. 50

C. 55

D. 60

82. 火灾探测器宜水平安装,当确需倾斜安装时,倾斜角不应大于__________。(检测维修保养职业方向)

A. 45°

B. 60°

C. 75°

D. 30°

83. 火灾报警控制器、火灾显示器、消防联动控制器等控制器设备在墙上安装时,其主显示屏高度宜为__________ m。(检测维修保养职业方向)

A. 1.2~1.5

B. 1.2~1.6

C. 1.5~1.8

D. 1.2~1.8

84. 火灾警报装置进行功能测试时,火灾警报装置启动后,使用声级计测量其声信号,至少在一个方向上3 m处的声压级应不小于75 dB,具有光警报功能的,光信号在100~500 lx环境光线下,__________ m处应清晰可见。(检测维修保养职业方向)

A. 15

B. 18

C. 25

D. 20

85. 消防联动控制器控制疏散通道上设置的防火卷帘下降至距楼板面__________ m处,非疏散通道上设置的防火卷帘下降到楼板面。(检测维修保养职业方向)

A. 1.4

B. 1.5

C. 1.6

D. 1.8

86. 火灾自动报警系统接地装置的接地电阻值应符合规定,采用共用接地装置时,接地电阻值不应大于__________ Ω。(检测维修保养职业方向)

A. 4

B. 1

C. 2

D. 3

87. 干式系统的安全排气阀应安装在__________,且应靠近报警阀。(检测维修保养职业方向)

A. 气源与报警阀之间

B. 配水干管一侧

C. 配水支管一侧

D. 测试管路上

88. 对于湿式自动喷水灭火系统洒水喷头的维护管理,应有备用洒水喷头,其数量不应少于总数的1%,且每种型号均不得少于__________只。(检测维修保养职业方向)

A. 3

B. 5

C. 8

D. 10

89. 湿式、干式自动喷水灭火系统中,公称直径大于或等于 100 mm 的管道,其距离顶板、墙面的安装距离不宜小于__________ mm。(检测维修保养职业方向)

A. 50　　B. 100

C. 150　　D. 200

90. 测试湿式自动喷水灭火系统的末端试水装置时,末端试水装置处的出水压力不应低于__________ MPa。(检测维修保养职业方向)

A. 0.01　　B. 0.02

C. 0.03　　D. 0.05

91. __________不能直接自动启动湿式、干式自动喷水灭火系统的消防水泵。

A. 消防水泵出水干管上设置的压力开关

B. 高位消防水箱出水管上的流量开关

C. 报警阀组压力开关

D. 消火栓按钮

92. 下列不符合消防应急广播备用扩音机设置要求的是__________。(检测维修保养职业方向)

A. 其容量不小于火灾时需同时广播的范围内消防应急广播扬声器最大容量总和的 1.5 倍

B. 在消防应急广播时能够强行切入

C. 同时中断其他音源的传输

D. 有消防应急广播功能

93. 民用建筑内扬声器应设置在走道和大厅等公共场所。每个扬声器的额定功率不应小于__________ W。(检测维修保养职业方向)

A. 1　　B. 2

C. 3　　D. 4

94. 消防电梯井、机房与相邻电梯井、机房之间应设置耐火极限不低于__________ h 的防火隔墙,隔墙上的门应采用甲级防火门。(检测维修保养职业方向)

A. 1　　B. 2

C. 3　　D. 4

95. 自发光疏散指示标志当正常光源变暗后应自发光,其亮度应符合国家相关标准的要求,持续时间不应低于__________ min。(检测维修保养职业方向)

A. 10　　B. 20

C. 30　　D. 50

96. 除特殊情况外,防火门门扇的开启力不应大于__________ N。(检测维修保养职业方向)

A. 50　　B. 60

C. 70　　D. 80

97. 消防水池进水管管径应通过计算确定,且不应小于__________。(检测维修保养职业方向)

A. DN50　　B. DN100

C. DN150　　D. DN200

98. 下列关于室外管网的安装要求中,说法错误的是__________。(检测维修保养职业方向)

A. 埋地金属管道的最小管顶覆土不应小于 0.7 m

B. 消防给水管道不宜穿越建筑基础,当必须穿越时,应采取防护套管等保护措施

C. 埋地钢管和铸铁管应根据土壤和地下水腐蚀性等因素确定管外壁防腐措施,海边等空气中含有腐蚀性介质的场所的架空管道外壁,应采取相应的防腐措施

D. 架空充水管道应设置在环境温度不低于 4 ℃的区域,当环境温度低于 4 ℃时,应采取防冻措施

99. 停车场的室外消火栓宜沿停车场周边设置,且与最近一排汽车的距离不应小于 7 m,距加油站或油库不应小于__________ m。(检测维修保养职业方向)

A. 10 B. 15

C. 20 D. 25

100. 送风口、排烟阀或排烟口的安装位置应符合国家标准和设计要求,并应固定牢靠,表面平整、不变形,调节灵活;排烟口距可燃物或可燃构件的距离不应小于__________ m。(检测维修保养职业方向)

A. 1.0 B. 1.5

C. 2.0 D. 2.5

二、多项选择题(40 题,每题 0.5 分,共 20 分。每题的多个选项中,至少有 2 个是正确的,请将正确答案的代号填写在横线空白处)

1. 下列物质的火灾属于 A 类火灾的有__________。

A. 木材 B. 棉

C. 汽油 D. 纸张

E. 粮食

2. 附设在建筑内的__________,应采用耐火极限不低于 2.00 h 的防火隔墙和 1.50 h 的不燃性楼板与其他部位隔开。

A. 柴油发电机房 B. 消防控制室

C. 消防水泵房 D. 通风空气调节机房

E. 排烟机房

3. 下列公共建筑可以设置一个安全出口的是__________。

A. 建筑面积为 200 m^2 且人数为 40 人的单层老年人照料设施

B. 建筑面积为 100 m^2 且人数为 20 人的单层幼儿园

C. 耐火等级为二级、建筑层数为 3 层的办公楼,每层建筑面积为 200 m^2,第 2 层和第 3 层的人数之和为 50 人

D. 耐火等级为一级、建筑层数为 3 层的儿童游乐厅,每层建筑面积为 150 m^2,第 2 层和第 3 层的人数之和为 25 人

E. 耐火等级为四级、建筑层数为 2 层的会议室,每层建筑面积为 100 m^2,第 2 层人数最多为 15 人

4. 为了便于电气工程实施过程中各部门之间的沟通与交流,人们常用电气图作为信息载体。常用的电气图包括__________。

A. 电气原理图 B. 电气元件布置图

C. 电气安装接线图 D. 电气元件平面图

E. 电气元件构造图

5. 造成过载的原因有__________。

A. 设计、安装时选型不正确

B. 设备或导线随意装接,增加负荷

C. 检修、维护不及时,使设备或导线长期处于带病运行状态

D. 电气设备使用时间过长

E. 电气设备的选用和安装与使用环境不符,致使其绝缘体在高温、潮湿、酸碱环境条件下受到破坏

6. 在电缆隧道、电缆沟及托架内,应设置带门的防火墙的部位有__________。

A. 进入室内处 B. 不同厂房或车间交界处

C. 不同电压配电装置交界处 D. 隧道与主控、集控、网控室连接处

E. 不同机组及主变压器的缆道连接处

7. 下列部位宜设置水幕系统的有__________。
   A. 乒乓球厂的轧坯、切片、磨球、分球检验部位
   B. 特等、甲等剧场的舞台葡萄架下部
   C. 应设置防火墙等防火分隔物而无法设置的局部开口部位
   D. 需要防护冷却的防火卷帘或防火幕的上部
   E. 高层民用建筑内有 1 000 个座位的剧场或礼堂的舞台口
8. 关于局部应用二氧化碳灭火系统设置要求,下列说法正确的有__________。
   A. 保护对象周围的空气流动速度不宜大于 3 m/s
   B. 在喷头与保护对象之间,喷头喷射角范围内不应有遮挡物
   C. 必要时,保护对象周围应采取挡风措施
   D. 当保护对象为可燃液体时,液面至容器缘口的距离不得小于 150 mm
   E. 当保护对象为可燃固体时,液面至容器缘口的距离不得小于 200 mm
9. 干粉灭火系统适用于扑救__________。
   A. 灭火前可切断气源的气体火灾
   B. 易燃、可燃液体和可熔化固体火灾
   C. 可燃固体表面火灾
   D. 带电设备火灾
   E. 活泼金属火灾
10. 下列关于水系灭火剂使用范围的说法,正确的是__________。
   A. 用直流水可以扑救一般固体物质的表面火灾
   B. 用开花水可以扑救闪点在 120 ℃以上的重油火灾
   C. 用雾状水可以扑救可燃粉尘火灾
   D. 用水蒸气可以扑救船舱火灾
   E. 凡遇水能发生燃烧和爆炸的物质,不能用水进行扑救
11. 下列关于推车式灭火器注意事项的说法,正确的是__________。
   A. 喷射软管应尽量少打折或打圈
   B. 灭火时对准火焰根部,应由远及近扫射推进
   C. 扑救电气火灾时,应先断电后灭火
   D. 使用二氧化碳灭火器灭火时,手一定要握在喷筒木柄处
   E. 在狭小空间喷射灭火剂时,应提前采取预防措施,防止人员窒息
12. 鼠标按接线形式分为__________。
   A. 机械鼠标　　B. 光电鼠标
   C. 触摸式鼠标　　D. 有线鼠标
   E. 无线鼠标
13. 下列关于中央处理器的说法,正确的是__________。
   A. 中央处理器的英文简写是 CPU
   B. 中央处理器主要由控制器和运算器组成
   C. 运算器的主要作用是控制和管理计算机系统
   D. 中央处理器是计算机的核心部分
   E. 控制器是计算机的指挥中心
14. 下列属于视频处理软件的是__________。
   A. GoldWave　　B. All Editor
   C. 爱剪辑　　D. 会声会影
   E. 格式工厂

15. Excel 2010 界面分为__________。
A. 快速访问工具栏
B. 菜单栏
C. 功能区
D. 编辑栏
E. 编辑区
16. 互联网的性能指标包括__________。
A. 速率
B. 带宽
C. 响应比
D. 内存
E. 访问量
17. 火灾自动报警系统控制器备用电源出现故障时,备电工作指示灯熄灭,__________点亮。(监控操作职业方向)
A. 主电工作指示灯
B. 主电故障指示灯
C. 备电故障指示灯
D. 公共故障指示灯
E. 监管报警指示灯
18. 自动喷水灭火系统工作状态的检查判断方法包括__________。(监控操作职业方向)
A. 面板指示灯
B. 提示音
C. 直观判断
D. 分析判断
E. 技术比对
19. 判断防烟排烟系统工作状态需要的操作程序包括__________。(监控操作职业方向)
A. 检查判断防烟排烟系统风机及电气控制柜的工作状态
B. 检查判断防烟排烟系统管道的工作状态
C. 检查判断排烟防火阀的工作状态
D. 检查判断送风(排烟)口工作状态
E. 检查系统的连锁和联动控制功能
20. 集中火灾报警控制器的历史记录包括__________。
A. 请求记录
B. 启动记录
C. 监管记录
D. 气灭记录
E. 维护保养记录
21. 线型感温火灾探测器由敏感部件和与其相连接的信号处理单元及终端组成,敏感部件可分为__________。
A. 感温电缆
B. 空气管
C. 感温光纤
D. 光纤光栅
E. 点式感温元件
22. 干式自动喷水灭火系统的组成部件包括__________。
A. 闭式喷头
B. 干式报警阀组
C. 充气和气压维持设备
D. 水流指示器
E. 末端试水装置
23. 消防应急广播系统的组成部分包括__________。
A. 消防应急广播主机
B. 功放机
C. 分配盘
D. 输出模块
E. 扬声器
24. 防火卷帘一般设置在__________。
A. 电梯厅周围
B. 自动扶梯周围
C. 中庭与楼层走道、过厅相通的开口部位
D. 生产车间中大面积工艺洞口
E. 设置防火墙有困难的部位

25. 下列关于常开式防火门联动自动关闭的描述,正确的是__________。
A. 由常开防火门所在防火分区内的两只独立火灾探测器的报警信号作为常开防火门关闭的联动触发信号
B. 由常开防火门所在防火分区内的一只火灾探测器与一只手动火灾报警按钮的报警信号作为常开防火门关闭的联动触发信号
C. 联动触发信号应由火灾报警控制器或消防联动控制器发出,并应由消防联动控制器或防火门监控器联动控制防火门关闭
D. 疏散通道上各防火门的开启、关闭及故障状态信号应反馈至防火门监控器
E. 疏散通道上各防火门的开启、关闭及故障状态信号应反馈至消防控制室

26. 可燃气体报警控制器的保养项目包括__________。
A. 音响器保养　　B. 外壳外观保养
C. 指示灯保养　　D. 显示屏保养
E. 打印机保养

27. 在对消防增(稳)压设施中的气压罐及供水附件进行保养时,管道泄压,发现稳压泵自动启停和消防水泵启动压力设定不正确的,对__________等进行调整、维修或更换。
A. 水流指示器　　B. 水箱的水位传感器
C. 压力开关　　D. 电气控制柜
E. 压力变送器

28. 线型感烟火灾探测器火警灯常亮,正确的修复方法有__________。(检测维修保养职业方向)
A. 调整探测器发射端和接收端的安装位置,避开障碍物
B. 清洁探测器后,重新调试到位
C. 更换探测器
D. 对换探测器发射端和接收端的安装位置
E. 修复供电线路至电压正常

29. 湿式报警阀开启后报警管路不排水,正确的维修方法有__________。(检测维修保养职业方向)
A. 开启报警管路控制阀
B. 卸下限流装置,冲洗干净后重新安装回原位
C. 清理和冲洗阀座环形槽、小孔
D. 对湿式报警阀和补偿管路进行维修
E. 更换密封圈

30. 更换消防应急广播模块组件的操作方法包括__________。(消防设施检测维修保养)
A. 使用专用工具拆卸
B. 对即将更换的广播模块编码,再进行读编码确认
C. 非编码模块无需编码
D. 编码后将广播模块与底座卡扣对准装好
E. 垂直于底座方向用力按下广播模块

31. 防火卷帘升降不到位的故障原因包括__________。(检测维修保养职业方向)
A. 未涂覆润滑油　　B. 行程开关调节不准确
C. 闭门器损坏　　D. 控制面板损坏或声响部件损坏
E. 异物卡住

32. 消火栓出水口平时有水渗出的正确维修方法有________。(检测维修保养职业方向)
A. 关严消火栓
B. 拆开并清除阀瓣处异物
C. 更换阀瓣胶垫
D. 疏通排水阀
E. 检修井闸阀保持常开

33. 下列关于水基型和干粉型灭火器维修充装注意事项的说法中,正确的是________。(检测维修保养职业方向)
A. 干粉灭火剂应分类回收
B. 受压零部件应逐个进行水压试验
C. 零部件更换应与原灭火器生产企业提供的零部件特性参数保持一致;灭火器瓶体不可更换
D. 灌装不同型号的水基型灭火剂时,应用清水将灌装设备的容器和管道清洗干净
E. 在拆卸灭火器瓶头阀门前一定要先卸压,待余气排放完毕,才能完全旋开连接螺纹,拆卸时不能将阀门顶部对准人体

34. 检测发现,机械加压送风系统风机风量不足,可能的原因是________。(检测维修保养职业方向)
A. 管道内阀门未打开
B. 调节阀门开度不够
C. 风机传动带松弛
D. 叶轮与轴的连接松动
E. 风口开启过多

35. 火灾报警控制器的检测内容主要是试验火警报警、________、消音等功能。(检测维修保养职业方向)
A. 故障报警
B. 火警优先
C. 巡检
D. 自检
E. 打印机打印

36. 在测试火灾自动报警系统联动功能时,下列注意事项中的说法,正确的是________。(检测维修保养职业方向)
A. 测试前通知相关人员,以免引起不必要的恐慌
B. 测试火灾自动报警系统联动功能时,火灾报警控制器需处于“手动”状态
C. 测试火灾自动报警系统联动功能时,火灾报警控制器需处于“自动”状态
D. 测试完毕后,应将各消防设施恢复至原状
E. 测试完毕后,可以不用将各消防设施恢复至原状

37. 除报警阀组控制的洒水喷头只保护不超过防火分区面积的同层场所外,________均应设水流指示器。(检测维修保养职业方向)
A. 每个防火分区
B. 每个报警区域
C. 每个探测区域
D. 每个楼层
E. 每个防护区域

38. 消防应急广播系统的检测内容有________。(检测维修保养职业方向)
A. 总线自动控制功能测试
B. 紧急手动控制功能测试
C. 分配盘的选层广播功能测试
D. 测试合用广播系统应急强制切换功能
E. 测试消防电话分机的通话功能

39. 消防应急照明和疏散指示系统的检测内容主要有__________。(检测维修保养职业方向)

A. 测量消防应急灯具照度

B. 测量消防应急灯具类型

C. 测试应急电源的供电时间

D. 测试电源切换、充电、放电功能

E. 通过报警联动,检查消防应急灯具自动投入功能

40. 下列关于防烟排烟系统风管的安装质量要求,说法正确的是__________。(检测维修保养职业方向)

A. 风管接口的连接应严密、牢固,垫片厚度不应小于3 mm

B. 排烟风管法兰垫片应为不燃材料,薄钢板法兰风管应采用螺栓连接

C. 风管与风机的连接宜采用法兰连接,或采用不燃材料的柔性短管连接,当风机仅用于防烟、排烟时,不宜采用柔性连接

D. 风管与风机连接若有转弯处宜加装导流叶片,保证气流顺畅

E. 当风管穿越隔墙或楼板时,风管与隔墙之间的空隙应采用水泥砂浆等不燃材料严密填塞

三、判断题(60 题,每题 0.5 分,共 30 分。判断正确的请在括号内打"√",错误的请在括号内打"×")

1. 火焰的颜色与燃烧的温度有关,燃烧温度越高,火焰就越明亮,颜色就越接近蓝白色。( )
2. 冷却法就是采取措施将燃烧物的温度降至着火点以下,使燃烧停止。( )
3. 建筑耐火等级是衡量建筑抵抗火灾能力大小的标准,由建筑构件的燃烧性能和耐火极限中的最低者决定。( )
4. 两座仓库的相邻外墙均为防火墙时,其防火间距可以减小,但丙类不应小于6 m;丁、戊类不应小于4 m。( )
5. 燃油或燃气锅炉房、变压器室应设置在首层或地下一层的靠外墙部位,但常(负)压燃油或燃气锅炉可设置在地下二层或屋顶上。( )
6. 防火分区至避难走道入口处应设置防烟前室,开向前室的门应采用乙级防火门。( )
7. 交流电的大小是实时变化的,而方向是一直不变的。( )
8. 辅助文字符号不能单独使用。( )
9. 阻燃和非阻燃电缆不宜在同一通道内敷设。( )
10. 年预计雷击次数大于等于0.06次的一般性工业建筑物应划为第三类防雷建筑物。( )
11. 当有两个及两个以上消防控制室时,应确定一个主消防控制室。( )
12. 灭火控制器(盘)具有手动优先的功能,即便系统处于自动控制状态,手动控制仍然有效。( )
13. 单元独立干粉灭火系统是用一套灭火剂储存装置保护一个防护区或保护对象的灭火系统。( )
14. 地上建筑内的无窗房间可不设置排烟设施。( )
15. 水系灭火剂一般是以液滴或以液滴和泡沫混合的形式灭火的液体灭火剂。( )
16. 卤代烷灭火剂是迄今灭火效果最好的灭火剂。( )
17. 《中华人民共和国消防法》规定,任何单位和个人都有参加有组织的灭火工作的义务。( )
18. 转速是硬盘盘片旋转的速度,转速越高,硬盘读写速度越快。( )

19. 压缩软件的作用是使原文件的存储容量变小,减少占用的磁盘空间。 (　　)
20. 控制面板是用来进行系统设置和设备管理的一个工作集。 (　　)
21. Excel 2010 安装完成后,会自动在桌面生成快捷方式。 (　　)
22. 军队、铁路、银行、电力、消防等系统均有专用网。 (　　)
23. AutoCAD 是一种计算机辅助绘图与设计软件,仅用于二维图形设计、绘图、编辑等工作。 (　　)
24. 自动消防系统的操作人员必须持证上岗。 (　　)
25. 湿式报警阀是一种双向阀。(监控操作职业方向) (　　)
26. 排烟防火阀平时呈关闭状态。(监控操作职业方向) (　　)
27. 点型可燃气体探测器一般用于民用建筑,如厨房,但不适合用于通风良好的场所。(监控操作职业方向) (　　)
28. 通过"设备查看"方式判别现场消防设备工作状态时,在位图显示方式下,X 为手动按钮。 (　　)
29. 多线控制盘的操作按钮与防烟和排烟风机的控制柜控制按钮通过控制模块连接,实现对现场设备的手动控制。 (　　)
30. 选择线型定温火灾探测器,应保证其不动作温度符合设置场所的最低环境温度要求。 (　　)
31. 干式自动喷水灭火系统在准工作状态时,系统侧管道内充满用于启动系统的有压水。 (　　)
32. 消防泵组电气控制柜在平时应使消防水泵处于自动启泵状态。 (　　)
33. 消防应急广播系统在广播时,系统自动录音。 (　　)
34. 防烟排烟系统中任一常闭加压送风口开启时,加压风机自动启动。 (　　)
35. 防火卷帘中的导轨安装在洞口一侧,用于限制帘面的移动方向。 (　　)
36. 应急照明控制器应具有一键手动控制系统应急启动的功能。 (　　)
37. 在保养电气火灾监控器时,如果发现螺栓及垫片有生锈现象,应首先除锈,确保接头连接紧密。 (　　)
38. 在消防设备末端配电装置的保养方法中,清洁消防设备末端配电装置前应停电。 (　　)
39. 火灾报警控制器模块"反馈端"受电压/电流干扰时,检查设备"反馈端"输出,反馈类型要求为"有源反馈"。(检测维修保养职业方向) (　　)
40. 因无法通过消防水泵接合器向室内管网供水,检查发现止回阀安装方向错误,正确的维修方法为按正确方向重新安装止回阀。(检测维修保养职业方向) (　　)
41. 报警液位设定不准确可能会造成消防水池(水箱)液位报警。(检测维修保养职业方向) (　　)
42. 更换消防应急灯具之前,只关闭应急照明控制器即可。(检测维修保养职业方向) (　　)
43. 消防控制室无法联动控制防火卷帘,可能是联动控制设备的控制模式未设定在"自动"状态。(检测维修保养职业方向) (　　)
44. 连接消防水鹤的市政给水管管径不宜小于 DN100。(检测维修保养职业方向) (　　)
45. 灭火器维修用房应满足《灭火器维修》(GA 95)的要求,建筑面积不应少于 100 m^2。(检测维修保养职业方向) (　　)
46. 贮压式干粉灭火器与贮压式水基型灭火器的基本结构相同,主要组成部件的设计或工艺要求也相同。(检测维修保养职业方向) (　　)
47. 排烟防火阀在 280 ℃时自动关闭。(检测维修保养职业方向) (　　)
48. 多线控制盘未解锁处于"手动禁止"状态,造成现场不能手动启停风机。(检测维修保养职业方向) (　　)

49. 火灾警报装置的检测方法是使用数字声级计测量声警报的声压级,具有光警报功能的查看光警报。(检测维修保养职业方向) ( )
50. 火灾自动报警系统中未集中设置的模块附近应有尺寸不小于 75 mm×75 mm 的标识。(检测维修保养职业方向) ( )
51. 手动火灾报警按钮应安装牢固,当确需倾斜安装时,倾斜角不应大于 45°。(检测维修保养职业方向) ( )
52. 火灾报警控制器的主电源应有明显的永久性标识,并应直接与消防电源连接,也可以使用电源插头。(检测维修保养职业方向) ( )
53. 消防联动控制器应具有切断火灾区域及相关区域的消防电源的功能。(检测维修保养职业方向) ( )
54. 消防联动控制器应能按设定的控制逻辑向各相关受控设备发出联动反馈信号,并接收相关设备的联动反馈信号。(检测维修保养职业方向) ( )
55. 末端试水装置的试水接头出水口的流量系数,应等同于同楼层或防火分区内的最大流量系数。(检测维修保养职业方向) ( )
56. 顶板为水平面,且无梁、通风管道等障碍物影响喷头洒水的场所,可采用扩大覆盖面积洒水喷头。(检测维修保养职业方向) ( )
57. 消防设备末端配电装置宜靠近用电设备安装。(检测维修保养职业方向) ( )
58. 货梯不可兼作消防电梯。(检测维修保养职业方向) ( )
59. 防火卷帘座板与地面应垂直,接触应均匀。座板与帘板或帘面之间的连接应牢固。(检测维修保养职业方向) ( )
60. 室内消火栓管网应保证检修管道时关闭停用的竖管不超过 1 根,当竖管超过 4 根时,可关闭不相邻的 2 根。(检测维修保养职业方向) ( )

参考答案及详解

一、单项选择题

1. D。【解析】忠于职守是指以高度负责的职业道德精神,在本岗位上尽职尽责,时刻做好为消防事业献出生命的准备。
2. B。【解析】消防是指火灾预防和灭火救援等的统称。
3. C。【解析】可燃粉尘的爆炸极限一般用单位体积的质量(g/m^3)表示。
4. B。【解析】D 类火灾是指金属火灾。例如,钾、钠、镁、钛、锆、锂、铝镁合金等金属火灾。
5. A。【解析】室内通风不良、燃烧处于缺氧状态时,由于氧气的引入导致热烟气发生的爆炸性或快速的燃烧现象,称为回燃。
6. C。【解析】耐火稳定性是指在标准耐火试验条件下,承重建筑构件在一定时间内抵抗坍塌的能力。
7. A。【解析】耐火等级为三级的乙类仓库最多允许层数为 1 层。
8. A。【解析】甲、乙类厂房与单、多层民用建筑间的防火间距不应小于 25 m。
9. B。【解析】消防车道靠建筑外墙一侧的边缘距离建筑外墙不宜小于 5 m。
10. A。【解析】消防控制室的平面布置要求有:(1)宜在首层或地下一层靠外墙部位。(2)应采用耐火极限不低于 2.00 h 的防火隔墙和 1.50 h 的不燃性楼板与其他部位分隔,疏散门应直通室外或安全出口。(3)不应设置在电磁场干扰较强及其他可能影响消防控制设备正常工作的房间附近。(4)严禁与消防控制室无关的电气线路和管路穿过。
11. C。【解析】一、二级耐火等级建筑内疏散门或安全出口不少于 2 个的观众厅、展览厅、多功能厅、餐厅、营业厅等,其室内任一点至最近疏散门或安全出口的直线距离不应大于 30 m。
12. C。【解析】位于高层民用建筑内的商店营业厅,当每层建筑面积大于 1 500 m^2 或总建筑面积大于

3 000 m^2时,其地面、隔断、固定家具、窗帘的装修材料燃烧性能等级分别不应低于 B_1 级、B_1 级、B_1 级、B_1 级。

13. B。【解析】电路中任一闭合路径称为回路,回路是由一条或多条支路组成的。

14. A。【解析】用于测量电路中电流的仪表称为电流表。

15. C。【解析】电缆头在投入运行前要做耐压试验,测量出的绝缘电阻应与电缆头制作前后没有大的差别,其绝缘电阻值一般在 50 MΩ 以上。

16. C。【解析】高温灯具与可燃物之间的距离不应小于 0.5 m。

17. D。【解析】座位数超过 3 000 个的体育馆应设置火灾自动报警系统。

18. B。【解析】干式系统适用于环境温度低于 4 ℃或高于 70 ℃的场所,但不适用于可能发生蔓延速度较快火灾的场所。

19. D。【解析】按加压方式的不同,气体灭火系统分为自压式、内储压式和外储压式气体灭火系统。

20. D。【解析】气体灭火系统的防护区宜以单个封闭空间划分,同一区间的吊顶层和地板下需同时保护时,可合为一个防护区。

21. C。【解析】细水雾灭火系统适用于可燃固体火灾、可燃液体火灾及电气火灾,不适用于可燃固体深位火灾。

22. B。【解析】按给水范围分类,室内消火栓系统可分为独立消防给水系统和区域(集中)消防给水系统。

23. B。【解析】中危险级 B 类火灾场所灭火器的单位灭火级别最大保护面积为 1 m^2/B。

24. D。【解析】使用推车式干粉灭火器时,一般由两人协同操作,先将灭火器推拉至现场,在上风方向距离火源约 10 m 处做好喷射准备。

25. B。【解析】在微型消防站的建立原则中,以救早、灭小和“3 分钟到场”扑救初起火灾为目标。

26. B。【解析】凡与火灾有关的留有痕迹物证的场所均应列入现场保护范围。

27. B。【解析】计算机硬件系统是指构成计算机的物理零部件。

28. D。【解析】显示器的主要性能指标有分辨率、刷新频率、彩色种类、扫描速度等。

29. C。【解析】1 MB = 1 024 KB。

30. C。【解析】电子书文件类型一般为 PDF 格式。

31. B。【解析】复制的快捷键命令为【Ctrl】+【C】。

32. A。【解析】Word 2010 是一种文字处理软件。

33. B。【解析】在 Word 2010 编辑状态,执行“复制”命令后,被选择的内容将复制到剪贴板。

34. C。【解析】打印页码“2 - 6,8,16”表示打印的是第 2 至 6 页,第 8 页,第 16 页。

35. A。【解析】Excel 2010 保存的默认工作簿扩展名为. xlsx,用户也可以另存为. xls、. pdf、. html 等。

36. B。【解析】带宽用来表示互联网传输数据的能力,即在单位时间内通过的最高数据率。

37. A。【解析】导向传输介质包括同轴电缆、双绞线和光纤,非导向传输介质包括短波、微波和卫星。

38. A。【解析】电子邮箱的格式为“用户名@邮件服务器名”。

39. C。【解析】《中华人民共和国消防法》规定,建设、设计、施工、工程监理等单位依法对建设工程的消防设计、施工质量负责。

40. B。【解析】消防产品必须符合国家标准,没有国家标准的,必须符合行业标准。

41. B。【解析】火灾自动报警系统的工作状态主要包括:主/备电工作状态、火警指示状态、设备反馈指示状态、设备启动指示状态、消音状态、屏蔽状态、系统故障状态、主/备电故障状态、通信故障状态等。

42. B。【解析】在湿式和干式自动喷水灭火系统中,闭式喷头担负着探测火灾、启动系统和喷水灭火的任务,其喷水口平时由热敏感元件组成的释放机构封闭,火灾发生时受热开启。

43. B。【解析】湿式报警阀开启,打通输水通道;水力警铃动作并发出声报警信号,该声响在 3 m 远处声强不低于 70 dB;压力开关动作,连锁启动消防水泵,并向火灾自动报警系统发出压力开关动作信号。

44. A。【解析】机械加压送风系统的风道应采用不燃材料制作,且宜优先采用光滑管道,不宜采用土建井道。

45. A。【解析】保护对象为 1 000 V 及以下的配电线路,测温式电气火灾监控探测器应采用接触式布置;保护对象为 1 000 V 以上的供电线路,测温式电气火灾监控探测器宜选择光栅光纤测温式或红外测温式电气火灾监控探测器,光栅光纤测温式电气火灾监控探测器应直接设置在保护对象的表面。

46. A。【解析】当被探测线路在 1 s 内发生 14 个及以上半周期的故障电弧时,故障电弧探测器应能在 30 s 内发出报警信号,点亮报警指示灯,向电气火灾监控设备发送报警信号。

47. B。【解析】触发火灾报警触发器件发出火灾报警信号,使集中火灾报警控制器处于火警状态,灯键指示板上的火警灯点亮(红色)。

48. C。【解析】通过“设备查看”方式判别现场消防设备工作状态时,在位图显示方式下,T为报警类型,X为消火栓按钮,J为监管类型,B为消防广播。

49. C。【解析】集中火灾报警控制器中的历史记录包括火警记录、设备故障记录、请求记录、启动记录、反馈记录、操作记录、监管记录、气灭记录和其他故障记录,每种数量最多为1 000条,存满后新事件产生时覆盖一个最远的事件。

50. B。【解析】如果总线控制盘手动控制单元中的“反馈”指示灯处于熄灭状态,表示现场设备启动信息没有反馈回来。如果“反馈”指示灯处于常亮状态,表示现场设备已启动成功并将启动信息反馈回来。

51. A。【解析】无遮挡的大空间或有特殊要求的房间,宜选择线型光束感烟火灾探测器。

52. C。【解析】测试线型缆式感温火灾探测器火灾报警、故障报警功能时,在距离终端盒0.3 m以外的部位,使用温度不低于54 ℃的热水持续对线型缆式感温火灾探测器的感温电缆进行加热,线型缆式感温火灾探测器应在30 s内发出火灾报警信号。

53. D。【解析】将具有故障显示功能的火灾显示盘所辖区域内任意一只感烟火灾探测器或感温火灾探测器从其底座上拆卸下来,火灾显示盘在火灾报警控制器发出故障信号后3 s内发出故障声、光信号,指示故障发生部位,黄色故障指示灯点亮。

54. A。【解析】通过消防控制室多线控制盘可远程手动启/停消防水泵,通过消防控制室总线联动、高位消防水箱出水管流量开关、报警阀组压力开关和消防水泵出水干管压力开关,可自动启动消防水泵。

55. C。【解析】消防应急广播分配盘可以外接两个扩展键盘,用以增大控制区域数量,还可以同时接入两路功放。可手动和自动控制应急广播分区,手动操作优先,实现正常广播与应急广播的转换,还能自动巡检广播线断路、短路故障。

56. D。【解析】当火灾确认后,火灾自动报警系统应在15 s内联动相应防烟分区的全部活动挡烟垂壁,60 s以内挡烟垂壁应开启到位。

57. D。【解析】当手/自动转换开关处于“手动”位时,风机只能通过控制柜启/停按钮现场控制,消防控制室远程手动和自动联动控制失效;当开关处于“自动”位时,则反之。控制柜内设有双电源转换开关,当控制按钮处于“自动”位时,主电源发生故障,备用电源能自动投入使用,主电源恢复后自动切回主电源供电;当控制按钮处于“手动”位时,主/备电自切自投失效,此时,只能通过人工进行供电状态切换。

58. C。【解析】对于疏散通道上设置的防火卷帘,由防火分区内任两只独立的感烟火灾探测器或任一只专门用于联动防火卷帘的感烟火灾探测器的报警信号联动控制防火卷帘下降至距楼板面1.8 m处;由任一只专门用于联动防火卷帘的感温火灾探测器的报警信号联动控制防火卷帘下降到楼板面。

59. B。【解析】防火门监控器应能接收来自火灾自动报警系统的火灾报警信号,并在30 s内向电动闭门器或电磁释放器发出启动信号,点亮启动总指示灯。

60. C。【解析】防火门监控器上消音键的功能是用于消除当前监控器声报警信号,以便有新的故障信号输入时,监控器能再次发出声报警信号。

61. B。【解析】应急照明控制器接收到火灾报警控制器的火警信号后,应在3 s内发出系统自动应急启动信号,控制应急启动输出干接点动作,发出启动声光信号,显示并记录系统应急启动类型和系统应急启动时间。

62. C。【解析】消防控制室内集中火灾报警控制器、消防联动控制器、消防控制室图形显示装置及火灾显示盘的保养操作程序中,第一步是使用钥匙打开箱门,将控制器主、备电源切断。

63. D。【解析】在对消防设备末端配电装置中的断路器进行保养时,分合闸线圈直流电阻为161 Ω,UVT线圈直流电阻为160 Ω。

64. C。【解析】消防电梯挡水和排水设施保养时,要求排水泵的排水量不应小于10 L/s。

65. D。【解析】线型感烟火灾探测器常见故障现象包括故障灯常亮、火警灯常亮和工作灯不亮。

66. B。【解析】更换干式报警阀阀瓣密封圈的注意事项中的“减损失”是指更换作业应尽量减少管网用水的排放量,能不排水的尽量不排水,必须排水的通过阀门控制减少排放量,避免放空系统侧管网全部用水。

67. B。【解析】对于无法通过消防水泵接合器向室内管网供水的维修方法主要有:(1)按正确方向重新安装止回阀。(2)非施工安装或维修作业,水泵接合器控制阀必须完全打开。(3)采取可靠的防冻措施。(4)正确设置给水系统和分区标识,根据拟供水系统正确选择消防水泵接合器。

68. D。【解析】稳压泵不能正常启动的维修方案主要有:(1)根据设计值重新设定稳压泵启泵压力。(2)检测和调整压力信号开关控制使正常启闭,不能修复的予以更换。(3)逐一检查控制模块,采用其他方式启动稳压泵,核定问题模块,予以修复或更换。(4)将控制模式设定为“自动”状态。(5)灭火后手动恢复稳压泵处于正常控制状态。

69. B。【解析】气压罐内供水量不足的维修方法主要有:(1)根据气压罐设计值,检查并标定有效容积、水位及工作压力。(2)检查气压罐管路系统,关闭泄水阀门。

70. B。【解析】消防应急灯具线对地绝缘阻值应大于 20 MΩ。

71. D。【解析】消防控制室无法联动控制防火卷帘的故障原因包括:(1)控制器发生故障。(2)控制模块发生故障。(3)联动控制线路发生故障。

72. C。【解析】防火卷帘中的扬声器“嘟嘟”循环鸣叫,面板电源灯闪烁,故障灯常亮的原因是缺相、断电。

73. D。【解析】常开式防火门无法锁定在开启状态,常见的维修方法主要有:(1)检修线路。(2)更换监控模块。(3)更换滑槽。

74. D。【解析】消火栓按钮启动后不启泵的原因包括:(1)消火栓按钮损坏。(2)线路损坏。(3)设备未注册。(4)消防泵组电气控制柜处于手动状态。(5)缺电或消防泵组电气控制柜、水泵损坏。

75. C。【解析】室内消火栓关闭时本体渗漏的维修方法主要有:(1)更换阀瓣密封圈。(2)清除阀瓣异物,关严消火栓。(3)对损伤部件进行维修或更换。

76. C。【解析】手提式干粉型灭火器超过出厂时间 10 年应报废。

77. C。【解析】手提式干粉型灭火器超过出厂期满 5 年未做维修,则表示该手提式灭火器存在故障。

78. B。【解析】任一常闭风口开启时,风机不能自动启动的原因包括:(1)未按要求设置连锁控制线路或控制线路发生故障。(2)风机控制柜处于“手动”状态。(3)风机及控制柜发生故障。

79. D。【解析】风阀启闭状态不正确的原因包括:(1)误操作后未及时复位。(2)设有温感器的风阀,温感器损坏脱落。(3)执行器棘轮、棘齿脱扣。

80. D。【解析】用万用表测量火灾报警控制器的联动输出信号。在火灾报警控制器的检测过程中,同时查看火灾显示盘的显示。

81. D。【解析】每个报警区域内应均匀设置火灾警报器,其声压级不应小于 60 dB。

82. A。【解析】火灾探测器宜水平安装,当确需倾斜安装时,倾斜角不应大于 45°。

83. C。【解析】火灾报警控制器、火灾显示器、消防联动控制器等控制器设备在墙上安装时,其主显示屏高度宜为 1.5~1.8 m。

84. C。【解析】火灾警报装置进行功能测试时,火灾警报装置启动后,使用声级计测量其声信号,至少在一个方向上 3 m 处的声压级应不小于 75 dB,具有光警报功能的光信号在 100~500 lx 环境光线下,25 m 处应清晰可见。

85. D。【解析】消防联动控制器控制疏散通道上设置的防火卷帘下降至距楼板面 1.8 m 处,非疏散通道上设置的防火卷帘下降到楼板面。

86. B。【解析】火灾自动报警系统接地装置的接地电阻值应符合规定,采用共用接地装置时,接地电阻值不应大于 1 Ω。

87. A。【解析】干式系统的安全排气阀应安装在气源与报警阀之间,且应靠近报警阀。

88. D。【解析】对于湿式自动喷水灭火系统洒水喷头的维护管理,应有备用洒水喷头,其数量不应少于总数的 1%,且每种型号均不得少于 10 只。

89. D。【解析】湿式、干式自动喷水灭火系统中,公称直径大于或等于 100 mm 的管道,其距离顶板、墙面的安装距离不宜小于 200 mm。

90. D。【解析】测试湿式自动喷水灭火系统的末端试水装置时,末端试水装置处的出水压力不应低于 0.05 MPa。

91. D。【解析】湿式、干式自动喷水灭火系统应由消防水泵出水干管上设置的压力开关、高位消防水箱出水管上的流量开关和报警阀组压力开关直接自动启动消防水泵。

92. D。【解析】消防应急广播与其他广播系统合用时,应设置消防应急广播备用扩音机,其容量不小于火灾时需同时广播的范围内消防应急广播扬声器最大容量总和的 1.5 倍,且应在消防应急广播时能够强行切入,并同时中断其他音源的传输。

93. C。【解析】民用建筑内扬声器应设置在走道和大厅等公共场所。每个扬声器的额定功率不应小于 3 W。

94. B。【解析】消防电梯井、机房与相邻电梯井、机房之间应设置耐火极限不低于 2 h 的防火隔墙,隔墙上的门应采用甲级防火门。

95. B。【解析】自发光疏散指示标志当正常光源变暗后应自发光,其亮度应符合国家相关标准的要求,持续时间不应低于 20 min。

96. D。【解析】除特殊情况外,防火门门扇的开启力不应大于 80 N。

97. B。【解析】消防水池进水管管径应通过计算确定,且不应小于 DN100。

98. D。【解析】架空充水管道应设置在环境温度不低于 5 ℃的区域,当环境温度低于 5 ℃时,应采取防冻措施;室外架空管道当温差变化较大时应校核管道系统的膨胀性和收缩性,并应采取相应的技术措施。

99. B。【解析】停车场的室外消火栓宜沿停车场周边设置,且与最近一排汽车的距离不应小于7 m,距加油站或油库不应小于15 m。

100. B。【解析】送风口、排烟阀或排烟口的安装位置应符合国家标准和设计要求,并应固定牢靠,表面平整、不变形,调节灵活;排烟口距可燃物或可燃构件的距离不应小于1.5 m。

二、多项选择题

1. ABDE。【解析】A类火灾是指固体物质火灾。这种物质通常具有有机物性质,一般在燃烧时能产生灼热的余烬。例如,木材及木制品、棉、毛、麻、纸张、粮食等物质火灾。

2. ABCDE。【解析】当以下消防设备用房附设在建筑内时,应采用耐火极限不低于2.00 h的防火隔墙和1.50 h的不燃性楼板与其他部位隔开:(1)柴油发电机房。(2)消防控制室。(3)消防水泵房。(4)固定灭火系统的设备室。(5)通风空气调节机房。(6)排烟机房。

3. ACE。【解析】符合下列条件之一的公共建筑,可设置一个安全出口:(1)除托儿所、幼儿园外,建筑面积不大于200 m^2且人数不超过50人的单层建筑或多层建筑的首层。(2)除医疗建筑,老年人照料设施,托儿所、幼儿园的儿童用房和儿童游乐厅等儿童活动场所,歌舞娱乐放映游艺场所外,耐火等级为一、二级,最多层数为3层,每层建筑面积最大为200 m^2且第2层和第3层的人数之和不超过50人的建筑;耐火等级为三级、最多层数为3层、每层建筑面积最大为200 m^2且第2层和第3层的人数之和不超过25人的建筑;耐火等级为四级、最多层数为2层、每层建筑面积最大为200 m^2且第2层人数不超过15人的建筑。

4. ABC。【解析】为了便于电气工程实施过程中各部门之间的沟通与交流,人们常用电气图作为信息载体。常用的电气图包括电气原理图、电气元件布置图、电气安装接线图。

5. ABC。【解析】造成过载的原因有以下几个方面:(1)设计、安装时选型不正确,使电气设备的额定容量小于实际负载容量。(2)设备或导线随意装接,增加负荷,造成超载运行。(3)检修、维护不及时,使设备或导线长期处于带病运行状态。

6. ABCDE。【解析】在电缆隧道、电缆沟及托架的下列部位应设置带门的防火墙:不同厂房或车间交界处,进入室内处,不同电压配电装置交界处,不同机组及主变压器的缆道连接处,隧道与主控、集控、网控室连接处。

7. CDE。【解析】下列部位宜设置水幕系统:(1)特等、甲等剧场,超过1 500个座位的其他等级的剧场,超过2 000个座位的会堂或礼堂和高层民用建筑内超过800个座位的剧场或礼堂的舞台口及上述场所内与舞台相连的侧台、后台的洞口。(2)应设置防火墙等防火分隔物而无法设置的局部开口部位。(3)需要防护冷却的防火卷帘或防火幕的上部。

8. ABCD。【解析】采用局部应用二氧化碳灭火系统的保护对象,应符合下列规定:保护对象周围的空气流动速度不宜大于3 m/s,必要时应采取挡风措施;在喷头与保护对象之间,喷头喷射角范围内不应有遮挡物;当保护对象为可燃液体时,液面至容器缘口的距离不得小于150 mm。

9. ABCD。【解析】干粉灭火系统适用于扑救灭火前可切断气源的气体火灾,易燃、可燃液体和可熔化固体火灾,可燃固体表面火灾,带电设备等火灾。干粉灭火系统不得用于扑救硝化纤维、炸药等无空气仍能迅速氧化的化学物质与强氧化剂物质火灾,钠、钾、镁、钛、锆等活泼金属及其氢化物火灾。

10. ABCDE。【解析】水系灭火剂的适用范围包括:(1)用直流水或开花水可扑救一般固体物质的表面火灾及闪点在120 ℃以上的重油火灾。(2)用雾状水可扑救阴燃物质火灾、可燃粉尘火灾、电气设备火灾。(3)用水蒸气可以扑救封闭空间内(如船舱)的火灾。(4)凡遇水能发生燃烧和爆炸的物质,不能用水进行扑救。

11. CDE。【解析】推车式灭火器的使用注意事项有:(1)使用时注意喷射软管不能打折或打圈。(2)灭火时对准火焰根部,应由近及远扫射推进,注意死角,防止复燃。(3)使用二氧化碳灭火器灭火时,手一定要握在喷筒木柄处,接触喷筒或金属管要戴防护手套,应避免触碰喇叭筒喷嘴前部,防止冷灼伤。在狭小空间喷射灭火剂时,应提前采取预防措施,防止人员窒息。(4)扑救可燃液体火灾时,应避免灭火剂直接冲击燃烧液面,防止可燃液体流散扩大火势。(5)扑救电气火灾时,应先断电后灭火。

12. DE。【解析】鼠标按构造分为机械鼠标、光电鼠标和触摸式鼠标,按接线形式分为有线鼠标和无线鼠标。

13. ABDE。【解析】中央处理器(CPU)是计算机的核心部分,主要由控制器和运算器两部分组成。控制器是计算机的指挥中心,主要作用是控制和管理计算机系统。

14. CDE。【解析】常用的视频处理软件有爱剪辑、会声会影、格式工厂、Adobe Premiere等。

15. ABCDE。【解析】Excel 2010界面分为快速访问工具栏、菜单栏、功能区、编辑栏和编辑区五部分。

16. AB。【解析】互联网的性能指标包括速率和带宽。

17. CD。【解析】火灾自动报警系统控制器备用电源出现故障时,备电工作指示灯熄灭,备电故障指示灯(黄色)和公共故障指示灯(黄色)点亮。

18. ABCDE。【解析】自动喷水灭火系统是一种多组件的系统,系统的工作状态由构成系统的各组件工作状态决定,应结合其在整个系统中的地位与作用、对系统整体功能的影响程度等因素,通过开展组件外观检查、功能测试,综合利用直观判断、分析判断和技术比对等方法,作出检查判断结论。

19. ABCDE。【解析】判断防烟排烟系统工作状态需要的操作程序包括:(1)检查判断防烟排烟系统风机及电气控制柜的工作状态。(2)检查判断防烟排烟系统管道的工作状态。(3)检查判断排烟防火阀的工作状态。(4)检查判断送风(排烟)口工作状态。(5)检查系统的连锁和联动控制功能。(6)记录系统检查情况。

20. ABCD。【解析】集中火灾报警控制器中的历史记录包括火警记录、设备故障记录、请求记录、启动记录、反馈记录、操作记录、监管记录、气灭记录和其他故障记录。

21. ABCDE。【解析】线型感温火灾探测器由敏感部件和与其相连接的信号处理单元及终端组成,敏感部件可分为感温电缆、空气管、感温光纤、光纤光栅及其接续部件、点式感温元件及其接续部件等。

22. ABCDE。【解析】干式自动喷水灭火系统主要由闭式喷头、干式报警阀组、充气和气压维持设备、水流指示器、末端试水装置、管道及供水设施等组成。

23. ABCDE。【解析】消防应急广播系统主要由消防应急广播主机、功放机、分配盘、输出模块、音频线路及扬声器等组成。

24. ABCDE。【解析】防火卷帘一般设置在电梯厅、自动扶梯周围,中庭与楼层走道、过厅相通的开口部位,生产车间中大面积工艺洞口及设置防火墙有困难的部位等。

25. ABCDE。【解析】由常开防火门所在防火分区内的两只独立火灾探测器或一只火灾探测器与一只手动火灾报警按钮的报警信号作为常开防火门关闭的联动触发信号。联动触发信号应由火灾报警控制器或消防联动控制器发出,并应由消防联动控制器或防火门监控器联动控制防火门关闭。疏散通道上各防火门的开启、关闭及故障状态信号应反馈至防火门监控器和消防控制室。

26. BCDE。【解析】可燃气体报警控制器的保养项目包括:(1)外壳外观保养。(2)指示灯保养。(3)显示屏保养。(4)开关、按键保养。(5)打印机保养。(6)接线保养。

27. CE。【解析】在对消防增(稳)压设施中的气压罐及供水附件进行保养时,管道泄压,发现稳压泵自动启停和消防水泵启动压力设定不正确的,对压力开关或压力变送器等进行调整、维修或更换。

28. AB。【解析】线型感烟火灾探测器火警灯常亮的修复方法包括:(1)调整探测器发射端和接收端的安装位置,避开障碍物。(2)清洁探测器后,重新调试到位。

29. ABC。【解析】湿式报警阀开启后报警管路不排水的维修方法主要有:(1)开启报警管路控制阀。(2)卸下限流装置,冲洗干净后重新安装回原位。(3)清理和冲洗阀座环形槽、小孔。

30. ABCDE。【解析】更换消防应急广播模块组件的操作方法有:使用专用工具插入设备的拆卸孔,适当用力向上撬起广播模块,将其与底座脱离;对即将更换的广播模块编码,再进行读编码确认(非编码模块无需编码);编码后将广播模块与底座卡扣对准,垂直于底座方向用力按下。

31. BE。【解析】防火卷帘升降不到位的原因包括:(1)行程开关调节不准确。(2)异物卡住。

32. ABCD。【解析】消火栓出水口平时有水渗出的维修方法有:根据实际情况,采取关严消火栓、拆开并清除阀瓣处异物、更换阀瓣胶垫、疏通排水阀等措施。

33. ABCDE。【解析】水基型和干粉型灭火器的维修充装注意事项如下:(1)在拆卸灭火器瓶头阀门前一定要先卸压,待余气排放完毕,才能完全旋开连接螺纹,拆卸时不能将阀门顶部对准人体。(2)干粉灭火剂应分类回收。(3)受压零部件应逐个进行水压试验。(4)零部件更换应与原灭火器生产企业提供的零部件特性参数保持一致;灭火器瓶体不可更换。(5)用于ABC干粉灭火剂和BC干粉灭火剂的灌装设备应单独使用,充装场地应独立分隔,确保ABC干粉灭火剂和BC干粉灭火剂不相互混合和交叉污染。(6)灌装不同型号的水基型灭火剂时,应用清水将灌装设备的容器和管道清洗干净。(7)报废的灭火器瓶体应按《气瓶安全技术监察规程》的要求采用压扁或者解体等不可修复的方式进行处理,报废的零部件(除灭火剂外)应按固体废物进行回收利用处置,废弃的干粉灭火剂应按当地的环保要求进行处理。

34. ABCDE。【解析】机械加压送风系统风量不足的原因包括:(1)管道内阀门未打开。(2)调节阀门开度不够。(3)风机传动带松弛。(4)叶轮与轴的连接松动。(5)电源电压低、达不到转速或相序接反造成风机反转。(6)风管过长或配用的风机风量过小。(7)风管、软连接破损或连接口漏气。(8)进风或出风口、风井、风管堵塞。(9)风口开启过多。

35. ABDE。【解析】火灾报警控制器的检测内容主要是试验火警报警、故障报警、火警优先、自检、打印机打印、消音等功能。

36. ACD。【解析】在测试火灾自动报警系统联动功能时,应注意以下事项:(1)测试前通知相关人员,以免引起不必要的恐慌。(2)测试火灾自动报警系统联动功能时,火灾报警控制器需处于“自动”状态。(3)测试完毕后,应将各消防设施恢复至原状。

37. AD。【解析】除报警阀组控制的洒水喷头只保护不超过防火分区面积的同层场所外,每个防火分区、每个楼层均应设水流指示器。

38. CD。【解析】消防应急广播系统的检测内容如下:测试扬声器音量、音质;测试卡座的播音、录音功能;测试功率放大器的扩音功能;测试分配盘的选层广播功能;测试合用广播系统的应急强制切换功能;测试主、备扩音机切换功能;通过报警联动,检查合用广播系统应急强制切换功能、扬声器播音质量及音量、卡座录音功能、分配盘分区及选层广播功能。

39. ACDE。【解析】消防应急照明和疏散指示系统的检测内容主要有:切断正常供电,测量消防应急灯具照度,测试电源切换、充电、放电功能,测试应急电源的供电时间;通过报警联动,检查消防应急灯具自动投入功能。

40. ABCDE。【解析】防烟排烟系统风管的安装质量要求如下:(1)风管接口的连接应严密、牢固,垫片厚度不应小于3 mm,不应凸入管内和突出到法兰外;排烟风管法兰垫片应为不燃材料,薄钢板法兰风管应采用螺栓连接。(2)风管与风机的连接宜采用法兰连接,或采用不燃材料的柔性短管连接,当风机仅用于防烟、排烟时,不宜采用柔性连接。风管与风机连接若有转弯处宜加装导流叶片,保证气流顺畅。(3)当风管穿越隔墙或楼板时,风管与隔墙之间的空隙应采用水泥砂浆等不燃材料严密填塞。吊顶内的排烟管道应采用不燃材料隔热,并应与可燃物保持不小于150 mm的距离。

三、判断题

1. √。

2. ×。【解析】冷却法就是采取措施将燃烧物的温度降至物质的燃点或闪点以下,使燃烧停止。

3. √。

4. √。

5. √。

6. ×。【解析】防火分区至避难走道入口处应设置防烟前室,前室的使用面积不应小于6 m^2,开向前室的门应采用甲级防火门,前室开向避难走道的门应采用乙级防火门。

7. ×。【解析】交流电的大小和方向是实时变化的。

8. ×。【解析】辅助文字符号也可单独使用。

9. √。

10. √。

11. √。

12. √。

13. √。

14. ×。【解析】地上建筑内的无窗房间应设置排烟设施。

15. √。

16. √。

17. ×。【解析】《中华人民共和国消防法》规定,任何单位和成年人都有参加有组织的灭火工作的义务。

18. √。

19. √。

20. √。

21. √。

22. √。

23. ×。【解析】AutoCAD是一种计算机辅助绘图与设计软件,用于二维和三维图形设计、绘图、编辑等工作。

24. √。

25. ×。【解析】湿式报警阀是只允许水流入湿式灭火系统并在规定压力、流量下驱动配套部件报警的一种单向阀,是湿式报警阀组的核心组件。

26. ×。【解析】排烟防火阀平时呈开启状态。

27. √。

28. ×。【解析】通过“设备查看”方式判别现场消防设备工作状态时,在位图显示方式下,H为手动按钮,X为消火栓按钮。

29. ×。【解析】多线控制盘的操作按钮与消防泵组(喷淋泵组、消火栓泵组)、防烟和排烟风机的控制柜控制按钮直接用控制线或控制电缆连接,实现对现场设备的手动控制。

30. ×。【解析】选择线型定温火灾探测器,应保证其不动作温度符合设置场所的最高环境温度要求。

31. ×。【解析】湿式自动喷水灭火系统在准工作状态时,系统侧管道内充满用于启动系统的有压水,干式自动喷水灭火系统在准工作状态时,配水管道内充满用于启动系统的有压气体。

32. √。
33. √。
34. √。
35. ×。【解析】防火卷帘中的导轨安装在洞口两侧,用于限制帘面的移动方向。
36. √。
37. ×。【解析】在保养电气火灾监控器时,如果发现螺栓及垫片有生锈现象,必须更换,确保接头连接紧密。
38. √。
39. ×。【解析】火灾报警控制器模块"反馈端"受电压/电流干扰时,检查设备"反馈端"输出,反馈类型要求为"无源反馈"。
40. √。
41. √。
42. ×。【解析】更换消防应急灯具之前,关闭应急照明控制器和消防集中应急电源,切断消防应急灯具供电,保证灯具更换工作的整个过程都是在断电的环境下进行。
43. ×。【解析】消防控制室无法联动控制防火卷帘的原因包括:(1)控制器发生故障。(2)控制模块发生故障。(3)联动控制线路发生故障。
44. ×。【解析】连接消防水鹤的市政给水管管径不宜小于 DN200。
45. √。
46. ×。【解析】贮压式干粉灭火器与贮压式水基型灭火器的基本结构相同,但一些主要组成部件的设计或工艺要求不同。
47. √。
48. ×。【解析】多线控制盘未解锁处于"手动禁止"状态,造成消防控制室不能远程手动启停风机。
49. √。
50. ×。【解析】火灾自动报警系统中未集中设置的模块附近应有尺寸不小于 100 mm × 100 mm 的标识。
51. ×。【解析】手动火灾报警按钮应安装牢固,不应倾斜。
52. ×。【解析】火灾报警控制器的主电源应有明显的永久性标识,并应直接与消防电源连接,严禁使用电源插头。
53. ×。【解析】消防联动控制器应具有切断火灾区域及相关区域的非消防电源的功能。
54. √。
55. ×。【解析】末端试水装置的试水接头出水口的流量系数,应等同于同楼层或防火分区内的最小流量系数。
56. √。
57. √。
58. ×。【解析】符合消防电梯要求的客梯或货梯可兼作消防电梯。
59. ×。【解析】防火卷帘座板与地面应平行,接触应均匀。座板与帘板或帘面之间的连接应牢固。
60. √。

消防设施操作员（中级）

全真模拟（二）

一、单项选择题（100 题，每题 0.5 分，共 50 分。每题有 4 个选项，其中只有 1 个是正确的，请将正确答案的代号填写在横线空白处）

1. 机关、团体、企业、事业等单位应当落实消防安全主体责任，对建筑消防设施__________至少进行一次全面检测，确保完好有效。

A. 每月　　B. 每季度

C. 每半年　　D. 每年

2. 在规定的条件下，可燃物质产生自燃的最低温度，称为__________。

A. 燃点　　B. 闪点

C. 自燃点　　D. 着火点

3. 造成 3 人以上 10 人以下死亡，或者 10 人以上 50 人以下重伤，或者 1 000 万元以上5 000 万元以下直接财产损失的火灾属于__________。

A. 特别重大火灾　　B. 重大火灾

C. 较大火灾　　D. 一般火灾

4. 本题中__________属于控制可燃物的防火措施。

A. 密闭有可燃介质的容器、设备　　B. 用不燃或难燃材料代替可燃材料

C. 防止日光照射和聚光作用　　D. 防止和控制高温物体

5. 某单层仓库内储存有大量同一规格玻璃工艺制品，该工艺品均选用木箱包装，包装后的成品每箱重量为 30 kg，其中木箱的重量为 6.5 kg。该仓库的火灾危险性类别应确定为__________。

A. 乙类　　B. 丙类

C. 丁类　　D. 戊类

6. 下列属于不燃性构件的是__________。

A. 混凝土楼板　　B. 水泥刨花复合板隔墙

C. 木柱　　D. 木龙骨两面钉石膏板隔墙

7. 某耐火等级为二级的单、多层民用建筑，设置有自动灭火系统，其防火分区的最大允许建筑面积是__________ m^2。

A. 1 000　　B. 2 000

C. 2 500　　D. 5 000

8. 高层民用建筑防火分区的最大允许建筑面积为__________ m^2。

A. 2 500　　B. 1 500

C. 1 000　　D. 500

9. 一类高层民用建筑间的防火间距最小为__________ m。

A. 9　　B. 11

C. 13　　D. 14

10. 设置在屋顶上的常（负）压燃气锅炉，距离通向屋面的安全出口不应小于__________ m。

A. 5　　B. 6

C. 10　　D. 12

11. 下列关于消防控制室的平面布置,说法错误的是__________。

A. 宜在首层或地下一层靠外墙部位

B. 应采用耐火极限不低于 2.00 h 的防火隔墙和 1.00 h 的不燃性楼板与其他部位分隔,疏散门应直通室外或安全出口

C. 不应设置在电磁场干扰较强及其他可能影响消防控制设备正常工作的房间附近

D. 严禁与消防控制室无关的电气线路和管路穿过

12. 建筑内疏散走道和楼梯的净宽度不应小于__________ m,安全出口和疏散出口的净宽度不应小于__________ m。

A. 1.1、0.9　　B. 0.9、1.1

C. 1、2.1　　D. 2.1、1

13. 某老年人活动场所,建筑高度为 12 m,在进行内部装修时,建筑内疏散走道的顶棚的装修材料的燃烧性能等级不应低于__________级。

A. A　　B. B_1

C. B_2　　D. B_3

14. 某科技楼,建筑高度为 26 m,当采用有空腔的外保温系统时,其应采用__________级保温材料。

A. A　　B. B_1

C. B_2　　D. B_3

15. 根据电缆绝缘材料的不同,电线电缆的分类不包括__________。

A. 普通电线电缆　　B. 阻燃电线电缆

C. 耐火电线电缆　　D. 特殊电线电缆

16. 用熔断器保护电容器时,熔断器的额定电流不应大于电容器额定电流的__________。

A. 1.1 倍　　B. 1.2 倍

C. 1.3 倍　　D. 1.4 倍

17. 为了防止电磁感应,平行敷设的管道、构架、电缆相距不到 100 mm 时,须用金属线跨接,跨接点之间的距离不应超过__________ m。

A. 24　　B. 30

C. 34　　D. 40

18. 占地面积大于__________ m^2的木器厂房应设置自动灭火系统,并宜采用自动喷水灭火系统。

A. 500　　B. 1 000

C. 1 500　　D. 800

19. 按应用方式的不同,气体灭火系统分为__________。

A. 管网灭火系统和预制灭火系统

B. 全淹没气体灭火系统和局部应用气体灭火系统

C. 单元独立灭火系统和组合分配灭火系统

D. 自压式、内储压式和外储压式气体灭火系统

20. __________适用于多个不会同时着火的相邻防护区或保护对象。

A. 预制灭火系统　　B. 管网灭火系统

C. 单元独立灭火系统　　D. 组合分配灭火系统

21. __________适用于采用泡沫灭火比采用水灭火效果更好的某些对象,或者灭火后需要进行冷却、防止火灾复燃的场所。

A. 固定式水喷雾灭火系统　　B. 自动喷水 - 水喷雾混合配置系统

C. 泡沫 - 水喷雾联用系统　　D. 传动管启动水喷雾灭火系统

22. ________是消火栓管网内能始终保持满足水灭火设施所需的工作压力和流量,火灾时无须消防水泵直接加压的供水系统。
   A. 高压消防给水系统　　B. 临时高压消防给水系统
   C. 中压消防给水系统　　D. 低压消防给水系统
23. A 类火灾场所不能配置________。
   A. 水雾灭火器　　B. 泡沫灭火器
   C. BC 干粉灭火器　　D. ABC 干粉灭火器
24. 下列关于蛋白泡沫灭火剂的说法中,错误的是________。
   A. 是泡沫灭火剂中最基本的一种　　B. 由含蛋白的原料经部分水解制成
   C. 是一种白色的黏稠液体　　D. 具有天然蛋白质分解后的臭味
25. 消防安全重点单位至少________进行一次灭火和应急疏散预案演练。
   A. 每周　　B. 每月
   C. 每半年　　D. 每年
26. 火灾扑灭后,起火单位和相关人员应当________。
   A. 速到现场抢救物资　　B. 尽快抢修设施争取复产
   C. 保护现场　　D. 拨打 119
27. 下列属于外存储器的是________。
   A. 硬盘　　B. 随机存储器
   C. 只读存储器　　D. 内存
28. ________一般应用于办公文件打印。
   A. 激光打印机　　B. 喷墨打印机
   C. 热敏打印机　　D. 针式打印机
29. 计算机当前正在运行的程序与数据都存放在________。
   A. 内存　　B. 外存
   C. CPU　　D. 硬盘
30. 下列关于开机顺序的说法,正确的是________。
   A. 先接通主机与显示器的电源,接着开启显示器,最后再开主机
   B. 先接通主机与显示器的电源,接着开启主机,最后再开显示器
   C. 先开启显示器,接着接通主机与显示器的电源,最后再开主机
   D. 先开启显示器,接着开主机,最后接通主机与显示器的电源
31. 剪切的快捷键命令为________。
   A.【Ctrl】+【A】　　B.【Ctrl】+【C】
   C.【Ctrl】+【X】　　D.【Ctrl】+【V】
32. Word 2010 保存的默认文件扩展名为________。
   A. . doc　　B. . docx
   C. . pdf　　D. . txt
33. 在 Word 2010 中,为所选文字添加底纹背景的按钮是________。
   A. **B**　　B. A
   C. U　　D. A
34. Excel 文件称为________。
   A. 单元格　　B. 工作区
   C. 工作簿　　D. 工作表

35. 在 Excel 2010 单元格中输入公式之前必须先输入__________。

A. ?　　B. =

C. @　　D. &

36. 互联网是最大、覆盖范围最广的__________。

A. 局域网　　B. 城域网

C. 广域网　　D. 无线网

37. __________应用于离陆地较远的海洋中或十分偏远的地方。

A. 光纤通信　　B. 短波通信

C. 微波通信　　D. 卫星通信

38. AutoCAD 的绘图文件的扩展名为__________。

A. . dwt　　B. . dwg

C. . bak　　D. . dxf

39.《中华人民共和国消防法》规定,依法需进行消防设计的建设工程,应将消防设计文件报__________进行审查或将消防设计图纸及技术资料报备案。

A. 公安机关消防机构　　B. 安全生产监管部门

C. 有相关资质的中介机构　　D. 住房和城乡建设主管部门

40.《中华人民共和国消防法》规定,县级以上地方人民政府应当按照国家规定建立__________,并按照国家标准配备消防装备,承担火灾扑救工作。

A. 地方综合性消防救援队、专职消防队　　B. 国家综合性消防救援队、专职消防队

C. 国家综合性消防救援队、志愿消防队　　D. 地方综合性消防救援队、志愿消防队

41. 火灾自动报警系统中,指示灯亮时应为红色的是__________。(监控操作职业方向)

A. 消音指示灯　　B. 输出禁止指示灯

C. 系统故障指示灯　　D. 漏电断电指示灯

42. 湿式报警阀组的组件中,__________是核心组件。(监控操作职业方向)

A. 湿式报警阀　　B. 水力警铃

C. 延迟器　　D. 压力开关

43. 自动喷水灭火系统工作状态的检查判断,可以沿水流方向依序进行。以湿式系统为例,首先应__________。(监控操作职业方向)

A. 检查判断消防供水设施的工作状态

B. 检查判断报警阀组的工作状态

C. 检查判断系统管网及附件、水流指示器和洒水喷头的工作状态

D. 检查判断末端试水装置工作状态

44. 火灾时当排烟管道内烟气温度达到__________ ℃时,排烟防火阀关闭。(监控操作职业方向)

A. 70　　B. 100

C. 150　　D. 280

45. 在电气火灾监控系统中,__________是能够区分低压配电线路中操作正常电弧和故障电弧,消除电气火灾隐患的电气火灾监控探测器。(监控操作职业方向)

A. 剩余电流式电气火灾监控探测器　　B. 测温式电气火灾监控探测器

C. 电气火灾监控设备　　D. 故障电弧探测器

46. __________是可燃气体探测报警系统的核心控制单元。(监控操作职业方向)

A. 可燃气体报警控制器　　B. 可燃气体探测器

C. 图形显示装置　　D. 火灾声光警报器

47. 断开集中火灾报警控制器和火灾探测器之间连接线,使集中火灾报警控制器处于故障状态,此时灯键指示板上的故障灯__________。(监控操作职业方向)

A. 点亮,黄色　　B. 点亮,红色

C. 点亮,绿色　　D. 不亮

48. 判别现场消防设备工作状态时,在"设备查看"界面,红圈内__________的条目为网络上所带设备。

A. 红色　　B. 黄色

C. 黑色　　D. 蓝色

49. 在集中火灾报警控制器的每种记录列表中,点击功能按键__________次可以打印当前显示的 10 条记录。

A. 1　　B. 2

C. 3　　D. 4

50. 多线控制盘与火灾报警控制器连接,一台火灾报警控制器(联动型)可设置__________多线控制盘。

A. 1 个　　B. 2 个

C. 3 个　　D. 多个

51. 需要实时监测环境温度的地下空间宜选择__________。

A. 线型光束感烟火灾探测器　　B. 线型缆式感温火灾探测器

C. 线型光纤感温火灾探测器　　D. 线型定温火灾探测器

52. 直流供电型火灾显示盘通常采用__________ V。

A. DC 24　　B. DC 12

C. AC 24　　D. AC 12

53. 下列关于湿式自动喷水灭火系统工作原理的描述中,错误的是__________。

A. 湿式系统在准工作状态时,由消防水箱或稳压泵、气压给水设备等稳压设施维持管道内充水的压力

B. 发生火灾时,火源周围环境温度上升,闭式喷头受热后开启喷水,水流指示器动作并反馈信号至消防控制中心报警控制器,指示起火区域

C. 湿式报警阀打开后,消防水箱出水管上的流量开关、消防水泵出水干管上的压力开关或报警阀组的压力开关动作并输出启动消防水泵信号,完成系统的启动

D. 系统启动后,由消防水泵向开放的喷头供水,开放的喷头按不高于设计规定的喷水强度均匀喷洒,实施灭火

54. 自动巡检控制消防水泵时,每台消防水泵低速转动的时间不应少于__________ min。

A. 1　　B. 2

C. 3　　D. 4

55. 消防应急广播发生故障时,能在__________ s 内发出故障声、光信号。

A. 5　　B. 10

C. 60　　D. 100

56. 在防烟排烟系统的控制逻辑中,当火灾确认后,火灾自动报警系统应在__________ s 内联动开启相应防烟分区的全部排烟阀、排烟口、排烟风机和补风设施。

A. 15　　B. 30

C. 45　　D. 60

57. ________可以应用于防火分隔部位,局部代替防火墙或防火隔墙。

A. 普通钢制防火卷帘　　B. 无机纤维复合防火卷帘

C. 有机特级防火卷帘　　D. 水雾式钢制特级防火卷帘

58. 对于疏散通道上设置的防火卷帘,在卷帘的任一侧距卷帘纵深 0.5 ~ 5 m 内应设置不少于________只专门用于联动防火卷帘的感温火灾探测器。

A. 1　　B. 2

C. 3　　D. 4

59. 下列关于防火门监控器故障报警功能的描述,错误的是________。

A. 防火门处于故障状态时,总指示灯应点亮,并发出声光报警信号

B. 故障声信号的声压级(正前方 1 m 处)为 70 dB

C. 故障声信号每分钟至少提示 1 次

D. 故障声信号每次持续时间应为 5 s

60. 防火门监控器上用于复位防火门初始状态显示,清除当前各类事件信息显示,复位所有的启动命令,消除消音状态等的按键是________键。

A. 自动　　B. 自检

C. 消音　　D. 复位

61. 应急照明控制器在消防控制室地面上双列布置时,设备面板前的操作距离不应小于________ m。

A. 1　　B. 1.5

C. 2　　D. 3

62. 具有报脏功能的探测器在报脏时应该及时清洁保养。没有报脏功能的探测器,应按产品说明书的要求进行清洁保养,产品说明书没有明确要求的,应________清洁或标定一次。

A. 每月　　B. 每季度

C. 每年　　D. 每 2 年

63. 消防设备末端配电装置的切换开关保养要求中,绝缘电阻不低于________ MΩ。

A. 1　　B. 2

C. 3　　D. 4

64. 下列不属于防烟排烟系统中风管(道)保养要求的是________。

A. 各连接处应牢固、严密,无损坏、脱落

B. 排烟口、送风口无变形、损伤

C. 风管穿墙处防火封堵完好

D. 风管吊架支撑牢固,在各种工况下均无晃动

65. 火灾自动报警系统中,控制器显示“模块故障”,模块“巡检灯”闪亮的原因不包括________。(检测维修保养职业方向)

A. 模块“反馈端”受电压/电流干扰　　B. 模块编码错误

C. 模块与受控设备的启动控制线路故障　　D. 模块自身损坏

66. 更换湿式报警阀组压力开关后,应分别进行________功能测试,功能正常后将自动喷水灭火系统恢复正常运行状态。(检测维修保养职业方向)

A. 系统连锁控制　　B. 系统联动

C. 系统连锁控制和联动　　D. 以上均可

67. 下列对无法通过消防水泵接合器向室内管网供水的原因分析不正确的是__________。(检测维修保养职业方向)

A. 消防水泵接合器选择错误　　B. 所属给水系统和分区标识不正确

C. 防冻措施不到位致使阀门或管内水冻结　　D. 止回阀被砂石等异物卡住

68. 稳压泵在规定时间内不能恢复压力的原因不包括__________。(检测维修保养职业方向)

A. 管道内残存空气　　B. 管道有渗漏

C. 稳压泵出口压力高　　D. 稳压泵损坏

69. 下列关于干式系统空压机启动频繁的维修方法,错误的是__________。(检测维修保养职业方向)

A. 按设计要求重新调整干式系统空压机启停压力

B. 检查并紧固充气管路各连接处

C. 排查系统侧管网渗漏点并进行维修

D. 安装或更换加速器并进行调试

70. 自带电源型灯具持续应急时间不满足设置场所要求的正确维修方法不包括__________。(检测维修保养职业方向)

A. 手动将自带电源型灯具转入应急照明模式

B. 利用计时器记录其应急照明时间

C. 利用万用表记录其应急照明时间

D. 对无法满足场所设置要求的,更换新的满足要求的同一规格型号的灯具

71. 防火门门扇无法开启的故障原因不包括__________。(检测维修保养职业方向)

A. 闭门器主体装反　　B. 闭门器损坏

C. 电源发生故障　　D. 连杆上的螺钉挡住门扇

72. 防火卷帘配电箱跳闸的原因不包括__________。(检测维修保养职业方向)

A. 三相输入短路　　B. 三相输入零线、火线接反

C. 三相开关未打开　　D. 零线、地线接反

73. 对防火门关闭后无法反馈信息的维修方法不正确的是__________。(检测维修保养职业方向)

A. 重新调试信号反馈装置或更换　　B. 按要求安装门磁开关

C. 调整电压　　D. 更换监控模块

74. 室内消火栓关闭时本体渗漏的原因不包括__________。(检测维修保养职业方向)

A. 阀瓣密封圈失效　　B. 消火栓手轮未旋转到位

C. 阀瓣损伤　　D. 水压过小

75. 关于水枪或软管卷盘喷嘴处无水或压力不足的维修方法,不正确的是__________。(检测维修保养职业方向)

A. 关闭室内消火栓进水管检修阀

B. 进一步排查系统管网水压不足的原因并处理

C. 更换破损的水带或软管

D. 重新绑扎水带或软管并测试无漏水

76. 推车式水基型灭火器首次维修以后每满__________年应维修。(检测维修保养职业方向)

A. 1　　B. 3

C. 2　　D. 5

77. 当定期对灭火器进行巡检、维护时,发现其存在缺陷,应及时将灭火器送原生产企业维修部门或__________进行维修。

A. 招标确定的维修机构　　B. 由销售企业授权的维修机构

C. 由使用企业授权的维修机构　　D. 由原生产企业授权的维修机构

78. 下列对现场手动不能正常启闭风阀的维修说法,不正确的是__________。(检测维修保养职业方向)

A. 维修或更换执行器

B. 对转轴喷润滑油脂

C. 拆除并清除异物后重新安装

D. 检查非自动复位型板式排烟口拉筋线并进行维修或更换

79. 消防应急照明和疏散指示系统应急启动后,总建筑面积大于 20 000 m^2 的地下、半地下建筑蓄电池电源供电时持续工作时间不应少于__________ h。(检测维修保养职业方向)

A. 0.5　　B. 1

C. 1.5　　D. 2

80. 检查火灾自动报警系统组件的操作内容如下:(1)检查模块。(2)填写《建筑消防设施巡查记录表》。(3)检查火灾报警控制器。(4)检查火灾探测器。(5)检查手动火灾报警按钮。(6)检查火灾显示盘。(7)检查火灾警报装置。以下关于检查火灾自动报警系统组件的操作顺序正确的是__________。(检测维修保养职业方向)

A. (3)(5)(4)(6)(7)(1)(2)　　B. (3)(4)(5)(6)(7)(1)(2)

C. (4)(3)(5)(6)(7)(1)(2)　　D. (3)(1)(4)(5)(6)(7)(2)

81. 每个__________内应均匀设置火灾警报器,其声压级不应小于 60 dB。(检测维修保养职业方向)

A. 防火分区　　B. 防烟分区

C. 报警区域　　D. 防护区

82. 当梁突出顶棚的高度超过__________ m 时,被梁隔断的每个梁间区域应至少设置一只探测器。(检测维修保养职业方向)

A. 0.6　　B. 0.8

C. 0.9　　D. 1

83. 下列关于点型感烟火灾探测器和点型感温火灾探测器的功能测试方法,错误的是__________。(检测维修保养职业方向)

A. 采用点型感烟火灾探测器试验装置,向探测器施放烟气,核查探测器报警确认灯以及火灾报警控制器的火警信号显示

B. 消除探测器内及周围烟雾,自动复位火灾报警控制器,核查探测器报警确认灯在复位前后的变化情况

C. 使用点型感温火灾探器试验装置的热源加热,核查探测器报警确认灯和火灾报警控制器火警信号显示

D. 移开加热源,手动复位火灾报警控制器,核查被测的点型感温火灾探测器报警确认灯在复位前后的变化情况

84. 排烟风机__________上设置的 280 ℃ 排烟防火阀在关闭后应直接联动控制风机停止。(检测维修保养职业方向)

A. 入口处的支管　　B. 入口处的总管

C. 出口处的支管　　D. 出口处的总管

85. 末端试水装置和试水阀应有标识,其安装位置应便于检查、试验,距地面的高度宜为__________ m,并应采取不被他用的措施。(检测维修保养职业方向)

A. 0.7　　B. 1.5

C. 1.1　　D. 1.2

86. 自动喷水灭火系统报警阀组中的水力警铃的工作压力不应小于__________ MPa。(检测维修保养职业方向)

A. 0.01　　B. 0.05

C. 0.02　　D. 0.03

87. 湿式系统一个报警阀组控制的洒水喷头数不宜超过__________只。(检测维修保养职业方向)

A. 200　　B. 300

C. 500　　D. 800

88. 湿式、干式自动喷水灭火系统中,管道穿过建筑物的变形缝时,应采取抗变形措施。穿过墙体或楼板时应加设套管,套管长度不得小于墙体厚度,穿过卫生间或厨房楼板的套管,其顶部应高出装饰地面__________ mm,且套管底部应与楼板底面相平。(检测维修保养职业方向)

A. 20　　B. 30

C. 40　　D. 50

89. 末端试水装置可以测试系统能否在开放__________只喷头的最不利条件下可靠报警并正常启动。

A. 1　　B. 2

C. 3　　D. 5

90. 对于湿式、干式自动喷水灭火系统,消防联动控制器在收到__________后不能发出启泵信号。(检测维修保养职业方向)

A. 报警阀组压力开关发出的反馈信号和该报警阀防护区内任一感烟火灾探测器的信号

B. 报警阀组压力开关发出的反馈信号和该报警阀防护区内任一感温火灾探测器的信号

C. 报警阀组压力开关发出的反馈信号和该报警阀防护区内手动火灾报警按钮的信号

D. 该报警阀防护区内两个独立的火灾报警信号

91. 走道末端距最近的扬声器距离不应大于__________ m。(检测维修保养职业方向)

A. 10　　B. 12.5

C. 20　　D. 25

92. 下列关于消防电话线路各组件安装质量的检测方法中,说法错误的是__________。(检测维修保养职业方向)

A. 检查消防电话时,消防电话线路可与外线电话连接,可以在其他工作中使用

B. 在消防控制室总机与所有消防电话分机、电话插孔之间互相呼叫并通话,总机应能显示每部分机或电话插孔的位置,呼叫铃声和通话语音应清晰

C. 消防控制室的外线电话与另外一部外线电话模拟报警电话通话,语音应清晰

D. 检查消防电话系统群呼、录音等功能,各项功能均应符合要求

93. 下列关于消防应急照明灯具的说法中,错误的是__________。(检测维修保养职业方向)

A. 照明灯具宜安装在顶棚上

B. 在顶棚、疏散走道或通道的上方安装时,可采用嵌顶、吸顶和吊装式安装

C. 当条件限制时,照明灯具可安装在走道侧面墙上,其安装高度不应在距地面 1 ~ 2 m;在距地面 1 m 以下侧面墙上安装时,应保证光线照射在灯具的水平线以下

D. 照明灯具可以安装在地面上

94. 消防应急灯具应在主电源切断后__________ s 内转入应急状态,集中电源、应急照明配电箱配接的非持续型照明灯的光源应急点亮,持续型灯具的光源由节电点亮模式转入应急点亮模式。(检测维修保养职业方向)

A. 2　　B. 3

C. 4　　D. 5

95. 防火门门扇与门框的搭接尺寸不应小于__________ mm。(检测维修保养职业方向)

A. 10　　B. 11

C. 12　　D. 15

96. 消防水箱进水管的管径应满足消防水箱__________ h 充满水的要求,但管径不应小于 DN32,进水管宜设置液位阀或浮球阀。(检测维修保养职业方向)

A. 5　　B. 6

C. 7　　D. 8

97. 高层建筑、厂房、库房和室内净空高度超过 8 m 的民用建筑等场所,消火栓栓口动压不应小于__________ MPa。(检测维修保养职业方向)

A. 0.1　　B. 0.2

C. 0.35　　D. 0.3

98. 室内消火栓按 1 支消防水枪的 1 股充实水柱布置的建筑物,消火栓的布置间距不应大于__________ m。(检测维修保养职业方向)

A. 30　　B. 50

C. 80　　D. 90

99. 由两块或两块以上的挡烟垂帘组成的连续性挡烟垂壁各块之间不应有缝隙,搭接宽度不应小于__________ mm。(检测维修保养职业方向)

A. 50　　B. 100

C. 150　　D. 200

100. 防烟排烟系统中的送风口风速不宜大于__________ m/s。(检测维修保养职业方向)

A. 5　　B. 6

C. 7　　D. 8

二、多项选择题(40 题,每题 0.5 分,共 20 分。每题的多个选项中,至少有 2 个是正确的,请将正确答案的代号填写在横线空白处)

1. 消防设施操作员国家职业技能标准含有的职业功能包括__________。

A. 设施监控　　B. 设施操作

C. 设施保养　　D. 设施维修

E. 技术管理和培训

2. 大量火场实践表明,建筑火灾即将发生轰然之前,可能会出现__________征兆。

A. 室内顶棚的热烟气层开始出现火焰

B. 热烟气从门窗口上部喷出,并出现滚燃现象

C. 热烟气层突然下降且距离地面很近

D. 热烟气层突然下降且距离地面很远

E. 室内温度突然上升

3. 下列物质储存时的火灾危险性为乙类的是__________。

A. 闪点为 45 ℃的液体　　B. 爆炸下限不小于 10%的气体

C. 助燃气体　　D. 可燃固体

E. 难燃烧物品

4. 下列关于医院和疗养院的住院部分的平面布置的描述,正确的是__________。

A. 不应设置在地下或半地下

B. 采用三级耐火等级建筑时,不应超过3层

C. 采用四级耐火等级建筑时,不应超过2层

D. 设置在三级耐火等级的建筑内时,应布置在首层或二层

E. 设置在四级耐火等级的建筑内时,应布置在首层

5. 下列场所内部装修应全部采用A级装修材料的是__________。

A. 档案室 B. 消防水泵房

C. 排烟机房 D. 配电室

E. 变压器室

6. 关于电缆敷设的一般要求,下列说法正确的有__________。

A. 电缆线路路径要短,且尽量避免与其他管线交叉

B. 电缆在电缆沟内、隧道内及明敷时,应将麻包外皮层剥去,并刷防腐漆

C. 交流回路中的单芯电缆应采用磁性材料护套的电缆

D. 不同用途的电缆,如工作电缆与备用电缆、动力与控制电缆等宜分开敷设,并对其进行防火分隔

E. 电缆支持点之间的距离、电缆弯曲半径、电缆最高最低点间的高差等不得超过规定数值,以防机械损伤

7. 二氧化碳灭火系统适用于扑救__________。

A. 液体火灾或石蜡、沥青等可熔化的固体火灾

B. 灭火前可切断气源的气体火灾

C. 棉毛、织物、纸张等部分固体深位火灾

D. 氰化钾、氰化钠等金属氰化物火灾

E. 钾、钠、镁、钛、锆等活泼金属火灾

8. 下列关于固定消防炮灭火系统设置场所的说法中,符合要求的有__________。

A. 难以设置自动喷水灭火系统的展览厅宜采用固定消防炮等灭火系统

B. 丙类生产车间、库房等高大空间场所宜采用固定消防炮等灭火系统

C. Ⅲ类飞机库飞机停放和维修区内应设置远控泡沫炮灭火系统

D. 三级天然气净化厂生产装置区的高大塔架及其设备群宜设置固定水炮

E. 三级天然气凝液装置区有条件时可设固定泡沫炮保护

9. 下列室外消火栓系统,属于按用途分类的有__________。

A. 独立消防给水系统 B. 生产、消防合用给水系统

C. 环状管网消防给水系统 D. 生活、消防合用给水系统

E. 枝状管网消防给水系统

10. 下列关于逃生避难器材适用楼层(高度)的说法,正确的有__________。

A. 逃生滑道应配备在不高于60 m的楼层内

B. 逃生缓降器应配备在不高于30 m的楼层内

C. 悬挂式逃生梯、应急逃生器应配备在不高于15 m的楼层内

D. 逃生绳应配备在不高于6 m的楼层内

E. 固定式逃生梯应配备在不高于50 m的楼层内

11. ABC干粉灭火剂可扑救__________火灾。

A. A类 B. B类

C. C类 D. D类

E. E类

12. 下列关于激光打印机的说法,正确的是＿＿＿＿＿。
A. 打印图案精细
B. 水浸图案不会模糊
C. 打印速度慢
D. 打印成本高
E. 噪声小

13. 下列属于系统软件的是＿＿＿＿＿。
A. 操作系统
B. 语言处理程序
C. 压缩软件
D. 文字处理软件
E. 电子书阅读软件

14. 下列关于文件(夹)的说法,正确的是＿＿＿＿＿。
A. 文件名包括文件主名和扩展名两个部分
B. 扩展名表示文件的类型
C. 文件夹不可删除
D. 文件夹是用来组织和管理磁盘文件的一种数据结构
E. 文件(夹)名中不能出现 > 字符

15. 数据在 Excel 2010 单元格中的对齐方式有水平对齐和垂直对齐,下列属于水平对齐方式的有＿＿＿＿＿。
A. 左对齐
B. 上对齐
C. 居中
D. 下对齐
E. 右对齐

16. 下列属于消防安全重点单位消防安全职责的是＿＿＿＿＿。
A. 确定消防安全管理人
B. 建立消防档案
C. 确定消防安全重点部位
D. 实行每日防火巡查,并建立巡查记录
E. 对职工进行岗前消防安全培训

17. 根据所安装喷头的结构形式,自动喷水灭火系统可分为＿＿＿＿＿。(监控操作职业方向)
A. 湿式系统
B. 干式系统
C. 闭式系统
D. 开式系统
E. 预作用系统

18. 打开湿式自动喷水灭火系统中的报警阀泄水阀,下列组件中,＿＿＿＿＿会动作。(监控操作职业方向)
A. 洒水喷头
B. 水流指示器
C. 末端试水装置
D. 压力开关
E. 水力警铃

19. 电气火灾监控系统的功能包括＿＿＿＿＿。(监控操作职业方向)
A. 监控报警
B. 故障报警
C. 图形显示
D. 自检
E. 消音

20. 运行消防控制室图形显示装置软件,通过"报警历史记录查询"子菜单查询火警记录时,可按＿＿＿＿＿条件查询。
A. 不同时间段
B. 设施
C. 楼层
D. 维修情况
E. 工作方式

21. 下列场所或部位,宜选择线型缆式感温火灾探测器的是＿＿＿＿＿。
A. 电缆桥架
B. 不易安装点型探测器的夹层
C. 各种皮带输送装置
D. 公路隧道
E. 除液化石油气外的石油储罐

22. 适用于湿式自动喷水灭火系统的喷头有__________。

A. 通用型喷头　　B. 直立型喷头

C. 下垂型喷头　　D. 边墙型喷头

E. 水幕喷头

23. 下列关于消防应急广播主机录制、播放疏散指令操作方法的描述,正确的是__________。

A. 准备一台消防应急广播主机和 MP3 播放器

B. 开机,按住“录音”键直至数码管开始闪动,松开按键

C. 准备好疏散音源文件放入 U 盘中,插入 MP3 播放器,将广播主机设置在暂停状态

D. 数码管闪动后等 3 s 左右,再次长按“录音”键,录音指示灯应点亮

E. 录音指示灯点亮后,开始播放 MP3 播放器上的疏散音源文件,播放完一个周期后,按停止键,回到待机状态

24. 防火卷帘的控制方式包括__________。

A. 现场手动电控　　B. 自动控制

C. 消防控制室远程手动控制　　D. 温控释放控制

E. 现场机械控制

25. 消防应急灯具按应急供电方式分为__________。

A. 持续型消防应急灯具　　B. 非持续型消防应急灯具

C. 自带电源型消防应急灯具　　D. 集中电源型消防应急灯具

E. 子母型消防应急灯具

26. 电气火灾监控器接线保养的保养方法包含__________。

A. 用干燥的抹布擦拭表面,确保干净整洁

B. 发现螺栓、垫片及配件有生锈现象应及时予以更换

C. 检查线路接头处有无氧化或锈蚀痕迹,若有则应采取防潮、防锈措施

D. 检查接线端子有无松动情况,发现松动应用螺丝刀紧固,确保连接紧密

E. 用小毛刷将孔隙里的灰尘和杂质清扫出来,再用吸尘器清理干净

27. 下列关于消防设备末端配电装置保养方法的描述,正确的是__________。

A. 清洁消防设备末端配电装置前应停电

B. 配电装置断电后,用电动吹风或小毛刷等清洁柜中灰尘

C. 检查断路器操作机构是否到位,接线螺栓是否紧固

D. 接触器触点磨损至原厚度的 1/4,应更换触点

E. 检查电源指示仪表、指示灯应完好

28. 火灾报警控制器显示“器件故障”,“巡检灯”闪亮,正确的修复方法有__________。(检测维修保养职业方向)

A. 重新编码　　B. 更换新器件

C. 重新安装　　D. 修复总线故障至电压正常

E. 重新安装,拧紧底座接线端子

29. 稳压泵启动频繁的正确维修方法有__________。(检测维修保养职业方向)

A. 排查渗漏原因并进行维修

B. 按照设计值核对和调整启停压力

C. 维修或更换损坏件

D. 核定问题模块,予以修复或更换

E. 安全阀起跳压力设定不正确的及时调整或更换

30. 消防电话系统分机或插孔“巡检灯”不闪亮,正确的修复方法有__________。(消防设施检测维修保养)

A. 修复外挂线路故障至正常
B. 更换分机或插孔
C. 修复电话总线故障至电压正常
D. 重新安装分机或插孔,拧紧底座接线端子
E. 将分机挂回分机底座

31. 防火卷帘只能单向运行的原因包括__________。(检测维修保养职业方向)

A. 按钮损坏
B. 接触器触头及线圈问题
C. 限位开关损坏或断线
D. 接触器联锁动断触点问题
E. 控制器主板问题

32. 下列关于室内消火栓开启后本体渗漏的维修方法,说法正确的是__________。(检测维修保养职业方向)

A. 更换阀盖密封
B. 更换阀杆密封
C. 对损伤部件进行维修或更换
D. 更换阀瓣胶垫
E. 检修井闸阀保持常开

33. 活动挡烟垂壁升降不顺畅、升降不到位的原因有__________。(检测维修保养职业方向)

A. 导轨卡阻
B. 上、下限位的调试不规范
C. 控制器缺电
D. 控制模块发生故障
E. 联动公式错误

34. 防烟排烟系统中风机运行温度异常的原因有__________。(检测维修保养职业方向)

A. 风机内部、叶轮积灰
B. 轴承损坏
C. 风机轴与电动机轴不同心
D. 供电线路电线截面过小
E. 管网阻力过大

35. 对火灾自动报警系统的线路进行检查,对于__________等问题,应采取相应的处理措施,以确保系统运行的稳定性和可靠性。(检测维修保养职业方向)

A. 错线
B. 开路
C. 虚焊
D. 短路
E. 绝缘电阻大于 20 MΩ

36. 消防联动控制器应具有发出联动控制信号强制所有电梯停于__________的功能。(检测维修保养职业方向)

A. 首层
B. 地下
C. 电梯转换层
D. 顶层
E. 地上二层

37. 下列选项中,__________宜采用家用喷头。(检测维修保养职业方向)

A. 办公建筑
B. 商业综合体建筑
C. 住宅建筑
D. 宿舍
E. 公寓

38. __________应设置消防应急广播。(检测维修保养职业方向)

A. 集中报警系统
B. 区域报警系统
C. 控制中心报警系统
D. 监控报警系统
E. 故障报警系统

39. 下列关于消防应急灯具的说法,正确的是__________。(检测维修保养职业方向)

A. 消防应急灯具应固定安装在不燃性墙体或不燃性装修材料上,不应安装在门、窗或其他可移动的物体上

B. 灯具安装后不应对人员正常通行产生影响,灯具周围应无遮挡物,并应保证灯具上的各种状态指示灯易于观察

C. 灯具采用吊装式安装时,应采用金属吊杆或吊链,吊杆或吊链上端应固定在建筑构件上

D. 灯具在侧面墙或柱上安装时,可采用壁挂式或嵌入式安装

E. 疏散指示标志灯安装高度距地面不大于 1 m 时,凸出墙面或柱面最大水平距离不应超过 30 mm

40. 下列属于检查、测试防烟排烟系统的工具的是__________。(检测维修保养职业方向)

A. 钢卷尺　　B. 风速仪

C. 数字微压计　　D. 塞尺

E. 梯具

三、判断题(60 题,每题 0.5 分,共 30 分。判断正确的请在括号内打"√",错误的请在括号内打"×")

1. 按火灾事故所造成的损失严重程度把火灾划分为特别重大火灾、重大火灾、较大火灾和一般火灾四个等级。 (　　)
2. 相同受力条件、相同材料组成的构件,截面尺寸越小,耐火极限就越高。 (　　)
3. 二级耐火等级工业建筑内采用不燃材料的吊顶,其耐火极限不限。 (　　)
4. 公共建筑、工业建筑中的走道宽度不大于 2.5 m 时,其防烟分区的长边长度不应大于 60 m。 (　　)
5. 锅炉房、变压器室的疏散门均应直通室外或安全出口。 (　　)
6. 建筑高度为 28 m 的二类高层建筑的疏散楼梯间应采用封闭楼梯间。 (　　)
7. 电工仪表测出的交流电数值通常是指有效值。 (　　)
8. 端线与中性线之间的电压叫作线电压。 (　　)
9. 对集中的电缆头要用耐火板隔开,并对电缆头附近电缆刷防火涂料。 (　　)
10. 消防联动控制系统的作用是通过探测保护现场的火焰、热量和烟雾等相关参数发出报警信号,显示火灾发生的部位,发出声、光报警信号以通知相关人员进行疏散和实施火灾扑救。 (　　)
11. 管网灭火系统适用于较小的、无特殊要求的防护区。 (　　)
12. 按应用方式分,细水雾灭火系统可分为全淹没式系统和局部应用式系统。 (　　)
13. 环状管网消防给水系统的消防给水管网构成闭合环形,可多向供水。 (　　)
14. 消防电梯从首层至顶层的运行时间通常不大于 60 s。 (　　)
15. 成膜氟蛋白泡沫灭火剂主要用于扑救油类火灾和极性溶剂火灾。 (　　)
16. 疏散逃生过程中严禁使用普通电梯。 (　　)
17. 键盘是操作计算机运行的一种指令和数据输出设备。 (　　)
18. 一般集成显卡的性能要优于独立显卡。 (　　)
19. 硬件是指为了满足用户需要而编制的各种程序的总和。 (　　)
20. Word 2010 保存的文档只能是. docx 或者. doc。 (　　)

21. 家中申请的互联网带宽是 100 M,表示上网的平均数据率是 100 Mbps。 (　　)
22. 短波能够穿透电离层。 (　　)
23. 用人单位可以用实物替代货币支付工资。 (　　)
24.《泡沫灭火系统技术标准》(GB 50151)不适用于船舶、海上石油平台等场所设置的泡沫灭火系统的设计。 (　　)
25. 消防联动控制器收到气体喷洒反馈信号时,气体喷洒指示灯为绿色。(监控操作职业方向) (　　)
26. 准工作状态下,自动喷水灭火系统中的末端试水装置(试水阀)平时应处于打开状态。(监控操作职业方向) (　　)
27. 集中火灾报警控制器在接收到火灾探测器或其他火灾报警触发器件发出的火灾报警信号后,根据预定的控制逻辑向相关消防联动控制装置发出控制信号。(监控操作职业方向) (　　)
28. 通过"设备查看"方式判别现场消防设备工作状态时,在位图显示方式下,w 为监管水流指示器。 (　　)
29. 多线控制盘的手动锁用于选择手动工作模式操作权限,"允许"和"禁止"状态可根据需要通过面板钥匙手动切换。 (　　)
30. 与线型感温火灾探测器连接的模块不宜设置在温度变化较小的场所。 (　　)
31. 消防水泵应能手动启停和自动启停。 (　　)
32. 手动火灾报警按钮不准带有电话插孔。 (　　)
33. 消防应急广播能手动检查本机音响器件、面板所有指示灯和显示器的功能。 (　　)
34. 排烟防火阀可通过手动和温控自动的方式关闭。 (　　)
35. 防火卷帘中的温控释放装置具备手动释放功能。 (　　)
36. 电梯的迫降有紧急迫降按钮迫降、消防控制室远程控制迫降和自动联动控制迫降三种方法。 (　　)
37. 可燃气体报警控制器的保养工作完成后,应将设备恢复到正常工作状态。 (　　)
38. 对消防电话系统的录音功能进行保养时,按键应操作灵活。 (　　)
39. 齐平式喷头的部分本体(包括根部螺纹)安装在吊顶下平面以上,而部分或全部热敏感元件在吊顶下平面以下。(检测维修保养职业方向) (　　)
40. 稳压泵启停压力设定不正确会造成稳压泵启动频繁或不能正常启动。(检测维修保养职业方向) (　　)
41. 玻璃管液位计进水管打开,排水管关闭,则消防水池(水箱)液位显示装置无法显示液位。(检测维修保养职业方向) (　　)
42. 某医院消防应急照明和疏散指示系统的自带电源型灯具在蓄电池电源供电时持续工作时间为 0.5 h。(检测维修保养职业方向) (　　)
43. 手动按钮盒不能启动防火卷帘,可能是电源发生故障或卷门机发生故障。(检测维修保养职业方向) (　　)
44. 消防水鹤是一种消防专用取水设施,特别适用于严寒地区。(检测维修保养职业方向) (　　)
45. 从事灭火器维修工作的技术人员应经考核合格持证上岗,当产品标准、零部件标准或有关规定发生变化时,可不进行再培训。(检测维修保养职业方向) (　　)

46. 手提式灭火器压力指示器不指示在黄色区域范围属故障,需维修。(检测维修保养职业方向) ( )
47. 风管过长或配用的风机风量过小会造成风机风量不足。(检测维修保养职业方向) ( )
48. 设有温感器的风阀,温感器损坏脱落,会导致风阀启闭状态不正确。(检测维修保养职业方向) ( )
49. 火灾报警控制器检测完成后系统复位,火灾报警控制器应能恢复到正常监视状态。(检测维修保养职业方向) ( )
50. 在火灾自动报警系统中,可以将模块设置在配电柜内。(检测维修保养职业方向) ( )
51. 线型感温火灾探测器在保护电缆、堆垛等类似保护对象时,应采用悬挂式布置。(检测维修保养职业方向) ( )
52. 火灾自动报警系统一般由火灾探测报警系统、消防联动控制系统、可燃气体探测报警系统和电气火灾监控系统等全部或部分构成。(检测维修保养职业方向) ( )
53. 消防联动控制器应具有手动打开涉及疏散的电动栅杆等的功能。(检测维修保养职业方向) ( )
54. 在使用手摇式接地电阻测试仪测量火灾自动报警系统接地电阻时,当检流计指针缓慢移到"0"平衡点时,才能加快摇表手柄转速,可以在检流计指针仍有较大偏转时加快手柄的转速。(检测维修保养职业方向) ( )
55. 干式自动喷水灭火系统空气压缩机的气泵和储气罐、加速器上应安装压力表。(检测维修保养职业方向) ( )
56. 为减少系统恢复时间,干式报警阀组报警功能建议利用警铃试验阀进行测试。(检测维修保养职业方向) ( )
57. 在手动控制方式下,分别触发两个相关的火灾探测器或触发手动火灾报警按钮后,能按设定的控制程序自动启动火灾应急广播,核对启动火灾应急广播的区域,播音区域应正确、音质应清晰。(检测维修保养职业方向) ( )
58. 发电机房、配变电室等场所不需要设置消防电话分机。 ( )
59. 设置在变形缝附近的防火门,应安装在楼层数较少的一侧,且门扇开启后不应跨越变形缝。(检测维修保养职业方向) ( )
60. 风口风速获取一般采用单个点位测量的方法,测量时应根据风管横截面几何类型和面积大小,分别采用不同的测点布置方案。(检测维修保养职业方向) ( )

参考答案及详解

一、单项选择题

1. D。**【解析】**机关、团体、企业、事业等单位应当落实消防安全主体责任,按照相关标准配备消防设施、器材,设置消防安全标志,定期检验维修,对建筑消防设施每年至少进行一次全面检测,确保完好有效。

2. C。**【解析】**在规定的条件下,可燃物质产生自燃的最低温度,称为自燃点。

3. C。**【解析】**造成3人以上10人以下死亡,或者10人以上50人以下重伤,或者1 000万元以上5 000万元以下直接财产损失的火灾属于较大火灾。

4. B。【解析】控制可燃物的防火措施包括:(1)用不燃或难燃材料代替可燃材料。(2)用阻燃剂对可燃材料进行阻燃处理,改变其燃烧性能。(3)限制可燃物质储运量。(4)加强通风以降低可燃气体、蒸气和粉尘等可燃物质在空气中的浓度。(5)将可燃物与化学性质相抵触的其他物品隔离分开保存,并防止“跑、冒、滴、漏”等。

5. B。【解析】玻璃工艺制品的火灾危险性属于戊类,对于丁、戊类储存物品仓库的火灾危险性,当可燃包装质量大于物品本身质量1/4或可燃包装体积大于物品本身体积的1/2时,应按丙类确定。$6.5/(30-6.5)\approx0.28>1/4$,所以为丙类。

6. A。【解析】不燃性构件是指用不燃材料做成的构件,如混凝土柱、混凝土楼板、砖墙、混凝土楼梯等。难燃性构件是指用难燃材料做成的构件或用可燃材料做成而用非燃烧性材料做保护层的构件,如水泥刨花复合板隔墙、木龙骨两面钉石膏板隔墙等。可燃性构件是指用可燃材料做成的构件,如木柱、木楼板、竹制吊顶等。

7. D。【解析】耐火等级为一、二级的单、多层民用建筑,防火分区的最大允许建筑面积是2 500 m^2,当建筑内设置自动灭火系统时,防火分区的最大允许建筑面积增加1倍。

8. B。【解析】高层民用建筑防火分区的最大允许建筑面积为1 500 m^2。

9. C。【解析】一类高层民用建筑的耐火等级不低于一级,耐火等级为一、二级的高层民用建筑间的防火间距最小为13 m。

10. B。【解析】设置在屋顶上的常(负)压燃气锅炉,距离通向屋面的安全出口不应小于6 m。

11. B。【解析】消防控制室的平面布置要求有:(1)宜在首层或地下一层靠外墙部位。(2)应采用耐火极限不低于2.00 h的防火隔墙和1.50 h的不燃性楼板与其他部位分隔,疏散门应直通室外或安全出口。(3)不应设置在电磁场干扰较强及其他可能影响消防控制设备正常工作的房间附近。(4)严禁与消防控制室无关的电气线路和管路穿过。

12. A。【解析】建筑内疏散走道和楼梯的净宽度不应小于1.1 m,安全出口和疏散出口的净宽度不应小于0.9 m。

13. A。【解析】单、多层的养老院、托儿所、幼儿园的居住及活动场所,其顶棚的装修材料燃烧性能等级不应低于A级。

14. A。【解析】建筑高度大于24 m的除住宅建筑和设置在人员密集场所的建筑外的其他建筑,采用有空腔的外保温系统时,应采用A级保温材料。

15. D。【解析】根据电缆绝缘材料的不同,电线电缆可分为普通电线电缆、阻燃电线电缆、耐火电线电缆。

16. C。【解析】用熔断器保护电容器时,熔断器的额定电流不应大于电容器额定电流的1.3倍。

17. B。【解析】为了防止电磁感应,平行敷设的管道、构架、电缆相距不到100 mm时,须用金属线跨接,跨接点之间的距离不应超过30 m。

18. C。【解析】占地面积大于1 500 m^2的木器厂房应设置自动灭火系统,并宜采用自动喷水灭火系统。

19. B。【解析】按应用方式的不同,气体灭火系统分为全淹没气体灭火系统和局部应用气体灭火系统。

20. D。【解析】组合分配灭火系统适用于多个不会同时着火的相邻防护区或保护对象。

21. C。【解析】泡沫-水喷雾联用系统适用于采用泡沫灭火比采用水灭火效果更好的某些对象,或者灭火后需要进行冷却、防止火灾复燃的场所。

22. A。【解析】高压消防给水系统是消火栓管网内能始终保持满足水灭火设施所需的工作压力和流量,火灾时无须消防水泵直接加压的供水系统。

23. C。【解析】A类火灾场所不能配置BC类干粉灭火器。

24. C。【解析】蛋白泡沫灭火剂是泡沫灭火剂中最基本的一种,由含蛋白的原料经部分水解制成,是一种黑褐色的黏稠液体,具有天然蛋白质分解后的臭味。

25. C。【解析】消防安全重点单位应当按照灭火和应急疏散预案,至少每半年进行一次演练。其他单位应当结合本单位实际,至少每年组织一次演练。

26. C。【解析】火灾扑灭后,发生火灾的单位和相关人员应当按照消防救援机构的要求保护现场,接受事故调查,如实提供与火灾有关的情况。

27. A。【解析】常见的外存储器有硬盘、光盘、移动存储设备等。

28. A。【解析】激光打印机一般应用于办公文件打印。

29. A。【解析】计算机当前正在运行的程序与数据都存放在内存中。

30. A。【解析】开机要按照一定的顺序,否则会影响机器的使用寿命。首先打开总电源,即接通主机与显示器的电源,接着开启显示器,最后再开主机。

31. C。【解析】剪切的快捷键命令为【Ctrl】+【X】。

32. B。【解析】Word 2010 保存的默认文件扩展名为.docx。

33. B。【解析】**B**:将所选文字加粗,A:为所选文字添加底纹背景,U:为所选文字加下划线,A:更改字体颜色。

34. C。【解析】Excel 文件称为"工作簿"。

35. B。【解析】在 Excel 2010 单元格中输入公式之前必须先输入等号。

36. C。【解析】互联网是最大、覆盖范围最广的广域网。

37. D。【解析】卫星是一个特殊的微波接力站,位于同步轨道上,高度在 36 000 km 左右,通信受干扰少,信号稳定,应用于离陆地较远的海洋中或十分偏远的地方。

38. B。【解析】AutoCAD 的绘图文件的扩展名为.dwg。

39. D。【解析】《中华人民共和国消防法》规定,依法需进行消防设计的建设工程,应将消防设计文件报住房和城乡建设主管部门进行审查或将消防设计图纸及技术资料报备案。

40. B。【解析】县级以上地方人民政府应当按照国家规定建立国家综合性消防救援队、专职消防队,并按照国家标准配备消防装备,承担火灾扑救工作。

41. D。【解析】消音指示灯亮时为绿色,输出禁止指示灯和系统故障指示灯亮时均为黄色,漏电断电指示灯亮时为红色。

42. A。【解析】湿式报警阀是只允许水流入湿式灭火系统并在规定压力、流量下驱动配套部件报警的一种单向阀,是湿式报警阀组的核心组件。

43. A。【解析】自动喷水灭火系统工作状态的检查判断,可以沿水流方向依序进行。以湿式系统为例,首先应检查判断消防供水设施的工作状态。

44. D。【解析】排烟防火阀是安装在机械排烟系统的管道上,平时呈开启状态,火灾时当排烟管道内烟气温度达到 280 ℃时关闭,并在一定时间内能满足漏烟量和耐火完整性要求,起隔烟阻火作用的阀门。

45. D。【解析】故障电弧探测器是能够区分低压配电线路中操作正常电弧和故障电弧,消除电气火灾隐患的电气火灾监控探测器。

46. A。【解析】可燃气体报警控制器是可燃气体探测报警系统的核心控制单元,能为所连接的可燃气体探测器供电、显示可燃气体浓度及接收可燃气体探测器发出的报警信号,并经过转换和处理发出声光报警信号,同时监测可燃气体探测器的状态、电源供电情况、连接线路情况,而且还是与监管人员进行人机交互的重要设备之一。

47. A。【解析】断开集中火灾报警控制器和火灾探测器之间连接线,使集中火灾报警控制器处于故障状态,此时灯键指示板上的故障灯点亮(黄色)。

48. D。【解析】判别现场消防设备工作状态时,在"设备查看"界面,红圈内黑色的条目为本机所带设备,蓝色的条目为网络上所带设备。

49. B。【解析】在集中火灾报警控制器的每种记录列表中,点击功能按键两次可以打印当前显示的10 条记录。

50. D。【解析】多线控制盘与火灾报警控制器连接,一台火灾报警控制器(联动型)可设置多个多线控制盘。

51. C。【解析】下列场所或部位,宜选择线型光纤感温火灾探测器:(1)除液化石油气外的石油储罐。(2)需要设置线型感温火灾探测器的易燃易爆场所。(3)需要实时监测环境温度的地下空间等场所。(4)公路隧道、敷设动力电缆的铁路隧道和城市地铁隧道等。

52. A。【解析】直流供电型火灾显示盘通常采用DC 24 V。

53. D。【解析】湿式自动喷水灭火系统的工作原理为:湿式系统在准工作状态时,由消防水箱或稳压泵、气压给水设备等稳压设施维持管道内充水的压力。发生火灾时,火源周围环境温度上升,闭式喷头受热后开启喷水,水流指示器动作并反馈信号至消防控制中心报警控制器,指示起火区域;湿式报警阀系统侧(沿供水方向,报警阀后为系统侧,下同)压力下降,造成湿式报警阀水源侧(沿供水方向,报警阀前为水源侧,下同)压力大于系统侧压力,湿式报警阀被自动打开,消防水箱出水管上的流量开关、消防水泵出水干管上的压力开关或报警阀组的压力开关动作并输出启动消防水泵信号,完成系统的启动。系统启动后,由消防水泵向开放的喷头供水,开放的喷头按不低于设计规定的喷水强度均匀喷洒,实施灭火。

54. B。【解析】自动巡检控制消防水泵时,巡检周期不宜大于7 d,每台消防水泵低速转动的时间不应少于2 min。

55. D。【解析】消防应急广播发生故障时,能在100 s内发出故障声、光信号。

56. A。【解析】在防烟排烟系统的控制逻辑中,当火灾确认后,火灾自动报警系统应在15 s内联动开启相应防烟分区的全部排烟阀、排烟口、排烟风机和补风设施,并在30 s内自动关闭与排烟无关的通风、空调系统。

57. D。【解析】特级防火卷帘可以应用于防火分隔部位,局部代替防火墙或防火隔墙。主要包括无机特级防火卷帘和水雾式(汽雾式)钢质特级防火卷帘。

58. B。【解析】对于疏散通道上设置的防火卷帘,在卷帘的任一侧距卷帘纵深0.5~5 m内应设置不少于2只专门用于联动防火卷帘的感温火灾探测器。

59. D。【解析】监控器应有防火门故障状态总指示灯。防火门处于故障状态时,总指示灯应点亮,并发出声光报警信号。声信号的声压级(正前方1 m处)应为65~85 dB。故障声信号每分钟至少提示1次,每次持续时间应为1~3 s。

60. D。【解析】防火门监控器上复位键的功能是用于复位防火门初始状态显示,清除当前各类事件信息显示,复位所有的启动命令,消除消音状态等。

61. C。【解析】应急照明控制器在消防控制室地面上设置时,应符合下列规定:(1)设备面板前的操作距离,单列布置时不应小于1.5 m,双列布置时不应小于2 m。(2)在值班人员经常工作的一面,设备面板至墙的距离不应小于3 m。(3)设备面板后的维修距离不宜小于1 m。(4)设备面板的排列长度大于4 m时,其两端应设置宽度不小于1 m的通道。

62. D。【解析】具有报脏功能的探测器在报脏时应该及时清洁保养。没有报脏功能的探测器,应按产品说明书的要求进行清洁保养,产品说明书没有明确要求的,应每2年清洁或标定一次。

63. A。【解析】消防设备末端配电装置的切换开关保养要求中,绝缘电阻不低于1 MΩ。

64. B。【解析】防烟排烟系统中风管(道)的保养要求包括:(1)风管无变形损坏。(2)各连接处应牢固、严密,无损坏、脱落。(3)风管穿墙处防火封堵完好。(4)风管吊架支撑牢固,在各种工况下均无晃动。

65. D。【解析】控制器显示“模块故障”,模块“巡检灯”闪亮的原因主要有:(1)模块“反馈端”受电压/电流干扰。(2)模块编码错误。(3)模块与受控设备的启动控制线路故障。

66. C。【解析】更换湿式报警阀组压力开关后,应进行系统连锁控制和联动功能测试,功能正常后将自动喷水灭火系统恢复正常运行状态。

67. D。【解析】无法通过消防水泵接合器向室内管网供水的原因主要有:(1)止回阀安装方向错误。(2)控制阀被误关闭。(3)严寒地区防冻措施不到位致使阀门或管内水冻结。(4)消防水泵接合器选择错误或所属给水系统和分区标识不正确。

68. C。【解析】稳压泵在规定时间内不能恢复压力的原因包括:(1)管道内残存空气。(2)管道有渗漏。(3)稳压泵出口压力低。(4)稳压泵损坏。(5)稳压泵停泵压力设定值低。

69. D。【解析】干式系统空压机启动频繁的维修方法主要有:(1)按设计要求重新调整干式系统空压机启停压力。(2)检查并紧固充气管路各连接处。(3)用肥皂水检查报警阀与相关管路连接处、管路阀门处有无气体渗漏,检查管路控制阀的启闭状态,连接不严密的按维修程序重新安装,阀门损坏的进行更换,阀门关闭不严密的关闭到位。(4)排查系统侧管网渗漏点并进行维修。

70. C。【解析】自带电源型灯具持续应急时间不满足设置场所要求的维修方法包括:手动将自带电源型灯具转入应急照明模式,利用计时器记录其应急照明时间,对无法满足场所设置要求的,更换新的满足要求的同一规格型号的灯具。

71. C。【解析】防火门门扇无法开启的故障原因包括:(1)闭门器主体装反。(2)闭门器损坏。(3)连杆上的螺钉挡住门扇。

72. C。【解析】防火卷帘配电箱跳闸的原因包括:(1)三相输入短路。(2)三相输入零线、火线接反。(3)零线、地线接反。

73. C。【解析】防火门关闭后无法反馈信息的维修方法主要有:(1)重新调试信号反馈装置或更换。(2)按要求安装门磁开关,对损坏件进行修复。(3)按说明书接线。(4)更换监控模块。

74. D。【解析】室内消火栓关闭时本体渗漏的原因包括:(1)阀瓣密封圈失效。(2)消火栓手轮未旋转到位,或阀瓣被异物卡住造成消火栓未关严。(3)阀体、阀座或阀瓣损伤。

75. A。【解析】水枪或软管卷盘喷嘴处无水或压力不足的维修方法主要有:(1)打开检修阀。(2)进一步排查系统管网水压不足的原因并处理。(3)重新连接,发现接口损伤、变形的及时更换。(4)重新绑扎并测试无漏水。(5)更换破损的水带或软管。(6)清理或维修、更换。

76. A。【解析】推车式水基型灭火器首次维修以后每满1年应维修。

77. D。【解析】当定期对灭火器进行巡检、维护时,发现其存在缺陷,应及时将灭火器送原生产企业维修部门或原灭火器生产企业授权的维修机构进行维修。

78. B。【解析】现场手动不能正常启闭风阀的维修方法主要有:(1)维修或更换执行器。(2)对转轴喷除锈剂并润滑。(3)拆除并清除异物后重新安装。(4)检查非自动复位型板式排烟口拉筋线并进行维修或更换。

79. B。【解析】系统应急启动后,总建筑面积大于20 000 m^2的地下、半地下建筑蓄电池电源供电时持续工作时间不应少于1 h。

80. B。【解析】检查火灾自动报警系统组件的操作顺序是:(1)检查火灾报警控制器。(2)检查火灾探测器。(3)检查手动火灾报警按钮。(4)检查火灾显示盘。(5)检查火灾警报装置。(6)检查模块。(7)填写《建筑消防设施巡查记录表》。

81. C。【解析】每个报警区域内应均匀设置火灾警报器,其声压级不应小于60 dB。

82. A。【解析】当梁突出顶棚的高度超过0.6 m时,被梁隔断的每个梁间区域应至少设置一只探测器。

83. B。【解析】消除探测器内及周围烟雾,手动复位火灾报警控制器,核查探测器报警确认灯在复位前后的变化情况。

84. B。【解析】排烟风机入口处的总管上设置的280 ℃排烟防火阀在关闭后应直接联动控制风机停止。

85. B。【解析】末端试水装置和试水阀应有标识,其安装位置应便于检查、试验,距地面的高度宜为1.5 m,并应采取不被他用的措施。

86. B。【解析】水力警铃的工作压力不应小于0.05 MPa。

87. D。【解析】湿式系统一个报警阀组控制的洒水喷头数不宜超过800只。

88. D。【解析】湿式、干式自动喷水灭火系统中,管道穿过建筑物的变形缝时,应采取抗变形措施。穿过墙体或楼板时应加设套管,套管长度不得小于墙体厚度,穿过卫生间或厨房楼板的套管,其顶部应高出装饰地面50 mm,且套管底部应与楼板底面相平。

89. A。【解析】末端试水装置可以测试系统能否在开放一只喷头的最不利条件下可靠报警并正常启动。

90. D。【解析】对于湿式、干式自动喷水灭火系统,消防联动控制器在收到报警阀组压力开关发出的反馈信号和该报警阀防护区内任一火灾探测器或手动火灾报警按钮的信号后能发出启泵信号。

91. B。【解析】走道末端距最近的扬声器距离不应大于12.5 m。

92. A。【解析】消防电话线路的可靠性关系到火灾时消防通信指挥系统是否灵活畅通,所以应检查其线路是否为独立布线,且应使消防电话分机和电话插孔的功能正常,语音清晰。

93. D。【解析】照明灯具的安装要求如下:照明灯具宜安装在顶棚上。在顶棚、疏散走道或通道的上方安装时,可采用嵌顶、吸顶和吊装式安装。当条件限制时,照明灯具可安装在走道侧面墙上,其安装高度不应在距地面1~2 m;在距地面1 m以下侧面墙上安装时,应保证光线照射在灯具的水平线以下。照明灯具不应安装在地面上。

94. D。【解析】消防应急灯具应在主电源切断后5 s内转入应急状态,集中电源、应急照明配电箱配接的非持续型照明灯的光源应急点亮,持续型灯具的光源由节电点亮模式转入应急点亮模式。

95. C。【解析】防火门门扇与门框的搭接尺寸不应小于12 mm。

96. D。【解析】消防水箱进水管的管径应满足消防水箱8 h充满水的要求,但管径不应小于DN32,进水管宜设置液位阀或浮球阀。

97. C。【解析】高层建筑、厂房、库房和室内净空高度超过8 m的民用建筑等场所,消火栓栓口动压不应小于0.35 MPa。

98. B。【解析】室内消火栓按1支消防水枪的1股充实水柱布置的建筑物,消火栓的布置间距不应大于50 m。

99. B。【解析】由两块或两块以上的挡烟垂帘组成的连续性挡烟垂壁各块之间不应有缝隙,搭接宽度不应小于100 mm。

100. C。【解析】送风口风速不宜大于7 m/s。

二、多项选择题

1. ABCDE。【解析】消防设施操作员国家职业技能标准含有的职业功能包括设施监控、设施操作、设施保养、设施维修、设施检测、技术管理和培训。

2. ABCE。【解析】大量火场实践表明,建筑火灾即将发生轰燃之前,可能会出现以下征兆:一是室内顶棚的热烟气层开始出现火焰;二是热烟气从门窗口上部喷出,并出现滚燃现象;三是热烟气层突然下降且距离地面很近;四是室内温度突然上升。

3. ABC。【解析】储存时火灾危险性为乙类的物品包括:(1)闪点不小于 28 ℃,但小于 60 ℃的液体。(2)爆炸下限不小于10%的气体。(3)不属于甲类的氧化剂。(4)不属于甲类的易燃固体。(5)助燃气体。(6)常温下与空气接触能缓慢氧化,积热不散引起自燃的物品。

4. ADE。【解析】医院和疗养院的住院部分不应设置在地下或半地下。医院和疗养院的住院部分采用三级耐火等级建筑时,不应超过 2 层;采用四级耐火等级建筑时,应为单层;设置在三级耐火等级的建筑内时,应布置在首层或二层;设置在四级耐火等级的建筑内时,应布置在首层。

5. BCDE。【解析】消防水泵房、排烟机房、固定灭火系统钢瓶间、配电室、变压器室、通风和空调等设备机房在建筑中起到主控正常及安全的作用,其内部装修应全部采用 A 级装修材料。档案室的顶棚、墙面应采用 A 级装修材料,地面应使用不低于 B_1 级的装修材料。

6. ABDE。【解析】电缆敷设的一般要求包括:(1)电缆线路路径要短,且尽量避免与其他管线交叉。(2)不同用途的电缆,如工作电缆与备用电缆、动力与控制电缆等宜分开敷设,并对其进行防火分隔。(3)电缆支持点之间的距离、电缆弯曲半径、电缆最高最低点间的高差等不得超过规定数值,以防机械损伤。(4)电缆在电缆沟内、隧道内及明敷时,应将麻包外皮层剥去,并刷防腐漆。(5)交流回路中的单芯电缆应采用无钢铠的或非磁性材料护套的电缆。单芯电缆要防止引起附近金属部件发热。(6)其他要求可参考有关电气设计手册。

7. ABC。【解析】二氧化碳灭火系统适用于扑救灭火前可切断气源的气体火灾,液体火灾或石蜡、沥青等可熔化的固体火灾,固体表面火灾及棉毛、织物、纸张等部分固体深位火灾,电气火灾。

8. ABDE。【解析】Ⅱ类飞机库飞机停放和维修区内应设置远控泡沫炮灭火系统。

9. ABD。【解析】按用途分类,室外消火栓系统可分为独立消防给水系统,生活、消防合用给水系统,生产、消防合用给水系统,生活、生产、消防合用给水系统。

10. ABCD。【解析】逃生滑道、固定式逃生梯应配备在不高于 60 m 的楼层内,逃生缓降器应配备在不高于 30 m 的楼层内,悬挂式逃生梯、应急逃生器应配备在不高于 15 m 的楼层内,逃生绳应配备在不高于 6 m 的楼层内。

11. ABCE。【解析】ABC 干粉灭火剂可扑救 A 类、B 类、C 类和 E 类火灾。

12. ABE。【解析】激光打印机打印图案精细,水浸图案不会模糊,打印速度快,打印成本低,噪声小。

13. AB。【解析】A、B 选项属于系统软件,C、D、E 选项属于应用软件。

14. ABDE。【解析】文件(夹)可以删除。

15. ACE。【解析】在 Excel 2010 中,数据在单元格中的水平对齐方式包括左对齐、居中和右对齐。

16. ABCDE。【解析】消防安全重点单位除应当履行一般单位的消防安全职责外,还应履行以下职责:(1)确定消防安全管理人,组织实施本单位的消防安全管理工作。(2)建立消防档案,确定消防安全重点部位,设置防火标志,实行严格管理。(3)实行每日防火巡查,并建立巡查记录。(4)对职工进行岗前消防安全培训,定期组织消防安全培训和消防演练。

17. CD。【解析】根据所安装喷头的结构形式,自动喷水灭火系统可分为闭式系统和开式系统两大类;根据系统的用途和配置情况,自动喷水灭火系统又可分为湿式系统、干式系统、预作用系统、重复启闭预作用系统、雨淋系统、水幕系统等。

18. DE。【解析】打开湿式自动喷水灭火系统中的报警阀泄水阀,报警阀、压力开关、水力警铃会动作。

19. ABD。【解析】电气火灾监控系统的功能包括监控报警、故障报警和自检。

20. ABC。【解析】运行消防控制室图形显示装置软件,点击"报警历史记录查询",可查询火警、监管、反馈及是否消除、启动及是否停止、故障及是否恢复、屏蔽及是否解除、其他事件。可按不同时间段、设施、楼层等条件查询,可打印。

21. ABC。【解析】下列场所或部位,宜选择线型缆式感温火灾探测器:(1)电缆隧道、电缆竖井、电缆夹层、电缆桥架。(2)不易安装点型探测器的夹层、闷顶。(3)各种皮带输送装置。(4)其他因环境恶劣不适合点型探测器安装的场所。

22. ABCD。【解析】适用于湿式自动喷水灭火系统的喷头有通用型喷头、直立型喷头、下垂型喷头、边墙型喷头;适用于干式自动喷水灭火系统的喷头有直立型喷头、干式下垂型喷头。

23. ABCE。【解析】消防应急广播主机录制、播放疏散指令的操作方法包括:(1)准备一台消防应急广播主机和 MP3 播放器。(2)开机,按住"录音"键直至数码管开始闪动,松开按键。(3)准备好疏散音源文件放入 U 盘中,插入 MP3 播放器,将广播主机设置在暂停状态。(4)数码管闪动后等 3 s 左右,再次短按"录音"键,录音指示灯应点亮。(5)录音指示灯点亮后,开始播放 MP3 播放器上的疏散音源文件,播放完一个周期后,按停止键,回到待机状态。

24. ABCDE。【解析】防火卷帘具有现场手动电控、自动控制、消防控制室远程手动控制、温控释放控制、速放控制、现场机械控制和限位控制等几种主要控制方式。

25. CDE。【解析】消防应急灯具按工作方式分为持续型消防应急灯具、非持续型消防应急灯具。按应急供电方式分为自带电源型消防应急灯具、集中电源型消防应急灯具、子母型消防应急灯具。

26. BCD。【解析】电气火灾监控器接线保养的保养方法包含:(1)检查接线端子有无松动情况,发现松动应用螺丝刀紧固,确保连接紧密。(2)检查线路接头处有无氧化或锈蚀痕迹,若有则应采取防潮、防锈措施,如镀锡和涂抹凡士林等。(3)发现螺栓、垫片及配件有生锈现象应及时予以更换。

27. ABCE。【解析】消防设备末端配电装置的保养方法包括:(1)清洁消防设备末端配电装置前应停电。(2)配电装置断电后,用电动吹风或小毛刷等清洁柜中灰尘,检查母线及引线连接是否良好、接点有无发热变色,检查电缆头、接线头是否牢固可靠,检查接地线有无锈蚀、接线桩头是否紧固。所有二次回路接线应连接可靠,绝缘符合要求。(3)检查断路器操作机构是否到位,接线螺栓是否紧固。(4)清除接触器触点表面及四周的污物,检查接触器触点接触是否完好,如触点接触不良,必要时可稍微修锉触点表面,如触点严重烧蚀(触点磨损至原厚度的1/3)应更换触点。(5)检查电源指示仪表、指示灯应完好。

28. AB。【解析】控制器显示"器件故障""巡检灯"闪亮的修复方法包括:(1)重新编码。(2)更换新器件。

29. ABCE。【解析】稳压泵启动频繁的维修方法主要有:(1)排查泄漏原因并进行维修,阀门损坏的及时更换,安全阀起跳压力设定不正确的及时调整或更换。(2)按照设计值核对和调整启停压力,维修或更换损坏件。

30. BCD。【解析】消防电话系统分机或插孔"巡检灯"不闪亮的修复方法主要有:(1)更换分机或插孔。(2)修复电话总线故障至电压正常。(3)重新安装分机或插孔,拧紧底座接线端子。

31. ABCDE。【解析】防火卷帘只能单向运行的原因包括:(1)按钮损坏。(2)接触器触头及线圈问题。(3)限位开关损坏或断线。(4)接触器联锁动断触点问题。(5)控制器主板问题。

32. ABC。【解析】室内消火栓开启后本体渗漏的维修方法主要有:(1)更换阀盖密封。(2)更换阀杆密封。(3)对损伤部件进行维修或更换。

33. AB。【解析】活动挡烟垂壁升降不顺畅、升降不到位的原因包括:(1)导轨卡阻。(2)上、下限位的调试不规范。

34. ABCDE。【解析】风机运行温度异常的原因包括:(1)管网阻力过大。(2)流量超过额定值。(3)输入电压过高或过低。(4)供电线路电线截面过小。(5)润滑油脂不够。(6)润滑油脂质量不良。(7)风机轴与电动机轴不同心。(8)轴承损坏。(9)风机内部、叶轮积灰。

35. ABCD。【解析】对火灾自动报警系统的线路进行检查,对于错线、开路、虚焊、短路、绝缘电阻小于 20 MΩ 等问题,应采取相应的处理措施,以确保系统运行的稳定性和可靠性。

36. AC。【解析】消防联动控制器应具有发出联动控制信号强制所有电梯停于首层或电梯转换层的功能。

37. CDE。【解析】住宅建筑和宿舍、公寓等非住宅类居住建筑宜采用家用喷头。

38. AC。【解析】集中报警系统和控制中心报警系统应设置消防应急广播。

39. ABCD。【解析】消防应急灯具应固定安装在不燃性墙体或不燃性装修材料上,不应安装在门、窗或其他可移动的物体上。灯具安装后不应对人员正常通行产生影响,灯具周围应无遮挡物,并应保证灯具上的各种状态指示灯易于观察。灯具采用吊装式安装时,应采用金属吊杆或吊链,吊杆或吊链上端应固定在建筑构件上。灯具在侧面墙或柱上安装时,可采用壁挂式或嵌入式安装;疏散指示标志灯安装高度距地面不大于1 m时,凸出墙面或柱面最大水平距离不应超过20 mm。

40. ABCDE。【解析】检查、测试防烟排烟系统需要钢卷尺、塞尺、风速仪、数字微压计、火灾探测器测试工具、梯具等检查测试工具。

三、判断题

1. √。
2. ×。【解析】相同受力条件、相同材料组成的构件,截面尺寸越大,耐火极限就越高。
3. √。
4. √。
5. √。
6. √。
7. √。
8. ×。【解析】端线与中性线之间的电压叫作相电压。
9. √。
10. ×。【解析】火灾探测报警系统的作用是通过探测保护现场的火焰、热量和烟雾等相关参数发出报警信号,显示火灾发生的部位,发出声、光报警信号以通知相关人员进行疏散和实施火灾扑救。
11. ×。【解析】预制灭火系统不设储瓶间,储气瓶及整个装置均设置在保护区内,安装灵活方便,外形美观且轻便可移动,适用于较小的、无特殊要求的防护区。
12. √。
13. √。
14. √。
15. √。
16. √。
17. ×。【解析】键盘是操作计算机运行的一种指令和数据输入设备。
18. ×。【解析】一般独立显卡的性能要优于集成显卡。
19. ×。【解析】软件是指为了满足用户需要而编制的各种程序的总和。
20. ×。【解析】Word 2010保存的默认文件扩展名为.docx,用户也可以另存为.doc、.pdf、.txt等。
21. ×。【解析】家中申请的互联网带宽是100 M,表示上网的最高数据率是100 Mbps。
22. ×。【解析】短波依靠电离层的反射实现数据传输。
23. ×。【解析】用人单位不得以实物替代货币支付工资。
24. √。
25. ×。【解析】消防联动控制器收到气体喷洒反馈信号时,气体喷洒指示灯(红色)点亮。
26. ×。【解析】准工作状态下,自动喷水灭火系统中的末端试水装置(试水阀)平时应处于关闭状态。
27. √。
28. √。
29. √。
30. ×。【解析】与线型感温火灾探测器连接的模块不宜设置在长期潮湿或温度变化较大的场所。
31. ×。【解析】为确保消防水泵的可靠控制,适应消防水泵启动灭火、灾后控制及维护保养的需求,消防水泵应能手动启停和自动启动。
32. ×。【解析】消防电话插孔需要通过电话手柄配套使用,可与电话总机进行通话,手动火灾报警按钮也可带有电话插孔。
33. √。
34. √。
35. √。
36. √。
37. √。
38. ×。【解析】对消防电话系统的录音功能进行保养时,通话录音应可清晰回放。
39. √。
40. √。
41. ×。【解析】玻璃管液位计进水管被误关闭,排水管被误打开,则消防水池(水箱)液位显示装置无法显示液位。
42. ×。【解析】医疗建筑、老年人照料设施、总建筑面积大于100 000 m^2的公共建筑和总建筑面积大于20 000 m^2的地下、半地下建筑,其消防应急照明和疏散指示系统的自带电源型灯具在蓄电池电源供电时持续工作时间不应少于1.0 h。
43. √。
44. √。
45. ×。【解析】从事灭火器维修工作的技术、维修操作和检验人员,应接受上岗前培训,熟悉灭火器的结构原理、产品标准及相关操作规程,经考核合格持证上岗。当产品标准、零部件标准或有关规定发生变化时,应对从事灭火器维修的人员进行再培训。

46. ×。【解析】手提式灭火器压力指示器不指示在绿色区域范围属故障,需维修。

47. √。

48. √。

49. √。

50. ×。【解析】严禁将模块设置在配电柜内。

51. ×。【解析】线型感温火灾探测器在保护电缆、堆垛等类似保护对象时,应采用接触式布置。

52. √。

53. ×。【解析】消防联动控制器应具有自动打开涉及疏散的电动栅杆等的功能。

54. ×。【解析】在使用手摇式接地电阻测试仪测量火灾自动报警系统接地电阻时,当检流计指针缓慢移到"0"平衡点时,才能加快摇表手柄转速,严禁在检流计指针仍有较大偏转时加快手柄的转速。

55. √。

56. √。

57. ×。【解析】在自动控制方式下,分别触发两个相关的火灾探测器或触发手动火灾报警按钮后,能按设定的控制程序自动启动火灾应急广播,核对启动火灾应急广播的区域,播音区域应正确、音质应清晰。

58. ×。【解析】消防水泵房、发电机房、配变电室、计算机网络机房、主要通风和空调机房、防排烟机房、灭火控制系统操作装置处或控制室、企业消防站、消防值班室、总调度室、消防电梯轿厢、消防电梯机房及其他与消防联动控制有关的且经常有人值班的机房应设置消防电话分机。

59. ×。【解析】设置在变形缝附近的防火门,应安装在楼层数较多的一侧,且门扇开启后不应跨越变形缝。

60. ×。【解析】风口风速获取一般采用多点位测量取平均值的方法,测量时应根据风管横截面几何类型和面积大小,分别采用不同的测点布置方案。